JN120085

ダニが刺したら穴2つは本当か？

島野智之
Satoshi Shimano

風濤社

もくじ

細密画で見る美しい日本のダニ

世界に約5万種、日本に約2000種いるダニ。マダニのように血を吸うダニは日本では20種ほどと少なく、全体の1パーセント程度にすぎない。落ち着いてその姿をよく見てみれば、どのダニも個性的な姿をしていて、まるで着飾った紳士淑女のようではないか。

ササラダニ類 Oribatida

【ダニーくん】

胸穴ダニ類（パラシティフォルメス類）

［胸穴ダニ類］日本にはいないカタダニ類、アシナガダニ類を合わせた4グループからなる。8本脚の基部を外すと腹面に穴が開いているように見える（詳しくは126頁参照）。

寄生という意味のパラサイトがその語源。マダニ類とトゲダニ類を含み、地球上に約1万2500種いる。

●トゲダニ類 Gamasida

捕食性の自由生活性が多いが昆虫寄生も。世界に約1万1500種、日本に約500種。イエダニなども含む。

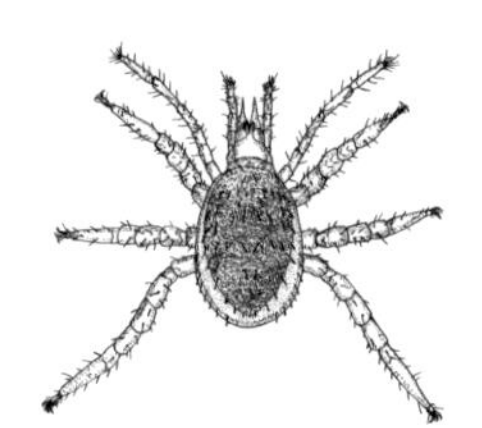

【ハエダニ属の一種】
Macrocheles sp.

【タマツナギウデナガダニ】
Podocinum catenum

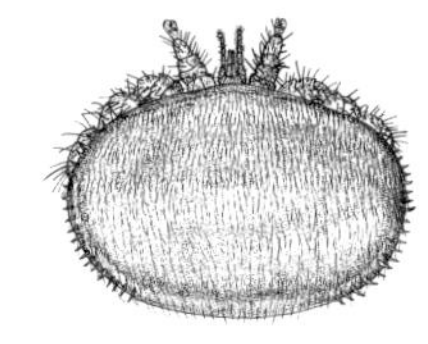

【ミツバチヘギイタダニ】
Varroa destructor

●マダニ類 Ixodida

吸血性。英語でtick。身体のかたいマダニ科（hard tick）とやわらかいヒメダニ科（soft tick）が主。世界に約900種、日本に約45種。

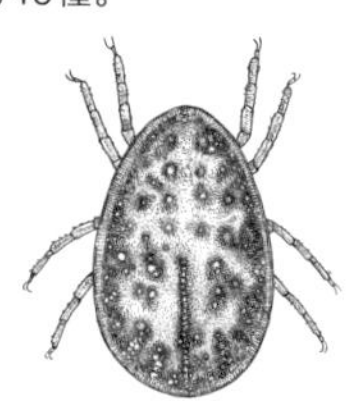

【ツバメヒメダニ】
Argas japonicus

【タカサゴキララマダニ】
Amblyomma testudinarium

画像提供：黒沼真由美氏

胸板ダニ類（アカリフォルメス類）

[胸板ダニ類] 8本脚の基部が胴体と融合して、腹面が板のように見えるためこの名が付いた（詳しくは126頁参照）。

ダニの学名の「アカリ」を冠したダニらしいダニ。コナダニ類、ササラダニ類、ケダニ類などからなり、地球上に約4万2000種いる。

●ケダニ類 Prostigmata

毛が多く、自由生活性かつ寄生性。世界に約2万6000種、日本に約800種。ツツガムシ、ハダニ、ツメダニを含む。

【ナミケダニ属の一種】
Trombidium sp.

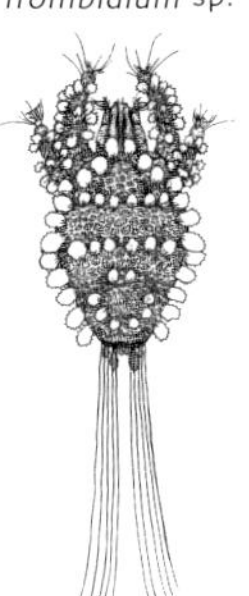

【アワケナガハダニ】
Tuckerella japonica

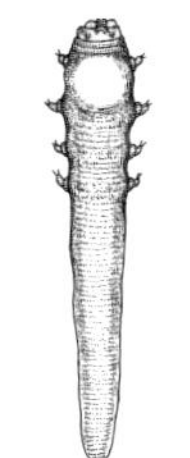

【ニキビダニ】
Demodex folliculorum

●ササラダニ類 Oribatida

胴感毛が竹ブラシ（ササラ）に似ている。世界に約1万2000種、日本に約700種。自由生活性で身体はかたい。

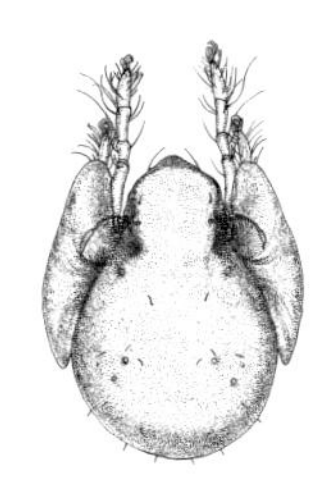

【チビゲフリソデダニ属の一種】
Trichogalumna sp.

【ハナビラオニダニ】
Nothrus anauniensis

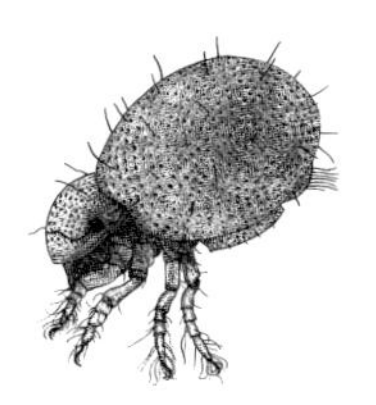

【アラメイレコダニ】
Atropacarus striculus

●コナダニ類 Astigmata

穀類に発生すると粉を吹いたように見える。世界に約4000種、日本に約100種。自由生活性で人間環境に生息。

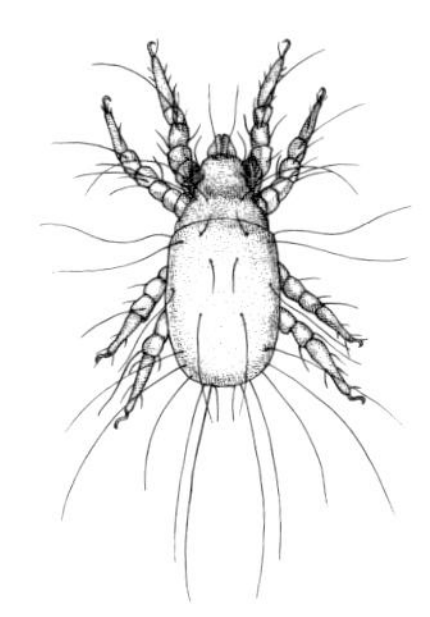

【チーズコナダニ】
Tyrolichus casei

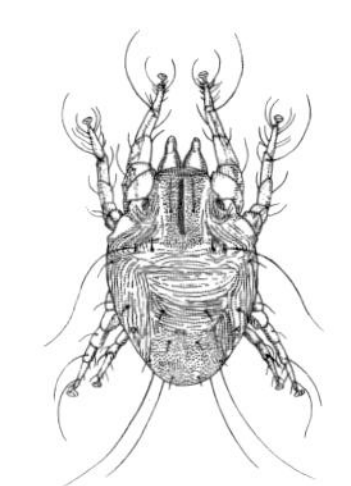

【コナヒョウヒダニ】
Dermatophagoides farinae

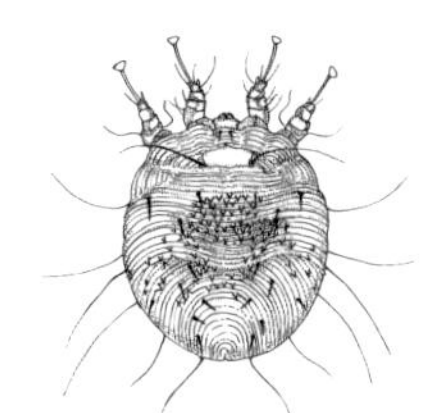

【ヒゼンダニ】
Sarcoptes scabiei

はじめに

世界中で人を襲うサメの種は、すべてのサメ種の6パーセントにすぎない。人間の血を吸うダニ種は、世界中にいるダニの種のたった1〜2パーセントだ。

ダニをテーマに本を書いていると、ときどき本当に申し訳ない気持ちになる。世の中にはダニで困っている人がたくさんいるのに、僕はいつも嫌われもののダニの誤解を解くために、ダニのいい面ばかりを書いているからだ。

多くのダニは、人間には被害を与えず、人間とは関係ない自然の中で生きている。壊していい自然なんてないし、人間に嫌われているからといって要らない生き物もいない。地球上には、いろんな生き物がいて、みんな役割をもっているのが生物多様性ということだ。ダニも大事なものだと、多くの人に知ってもらいたい。

ダニの多様性について、日本でも海外でも、まだ研究するべきことがたくさん残っている。それを1つずつ明らかにしていきたい。新しい種や知られざる生態を多くの人に知ってもらい、生態系の大切さを考えてほしい。

本書は、ダニに困っている方には理解を深め対策がたてられるように、生き物好きには楽しめるように、季節ごとにさまざまな話を盛り込んだ。全編を通じてダニが見るダニ目線を心がけたので、ぜひページをめくって楽しんでほしい。

あなたのそばにはダニがいる。まさに世界はダニだらけ。すべては繋がって、良くも悪くもいつか人に返って来る。

第1章

春から初夏のダニ

春告げダニ

公園のベンチの上にほら、くるくる回る赤いダニ

朝晩はまだ肌寒く、温かい日本茶と桜餅がほっとしたりする、桜が咲き出す季節。寒くなったり暖かくなったりを繰り返しながら、確実に生き物たちは春を感じている。

春告げ鳥はウグイスだが、われわれダニを研究するものにとって春を告げる生き物といえば断然、カベアナタカラダニ（ケダニ類●）だ。

日本には、北海道から沖縄までの広い範囲で、肉眼でも見える体長1ミリメートル前後の赤から赤橙色のダニが、ビルの屋上や住宅のベランダなどコンクリート表面で大量発生することが知られている。これが、カベアナタカラダニである。

毎年、カベアナタカラダニの苦情や問い合わせが多くなると、春が近づいてきたと感じるのだ。もっとも、1970年代以前、苦情はまったくなく、1980年代以降になって増えていて、近年は急上昇中である。なぜ近年、カベアナタカラダニにまつわる苦情が増えているのだろうか？　答えの1つは、僕たちの研究グループが学術誌に報告した「カベアナタカラダニ外来種説」である。

本来ユーラシア大陸の西側に分布するとされているカベアナタカラダニだが、日本から170地点を超えるサンプリングを行ったところ、市街地のカベアナタカラダニのCOI遺伝子の塩基配列は、ヨーロッパ（オーストリア、ドイツ、スイスなど）と一致した。日本には、在来のアナタカラダニ属（ケダニ類●）の中にまだ学名が付いていない種（未記載種と呼ぶ）も数種いることがわかったのだ。

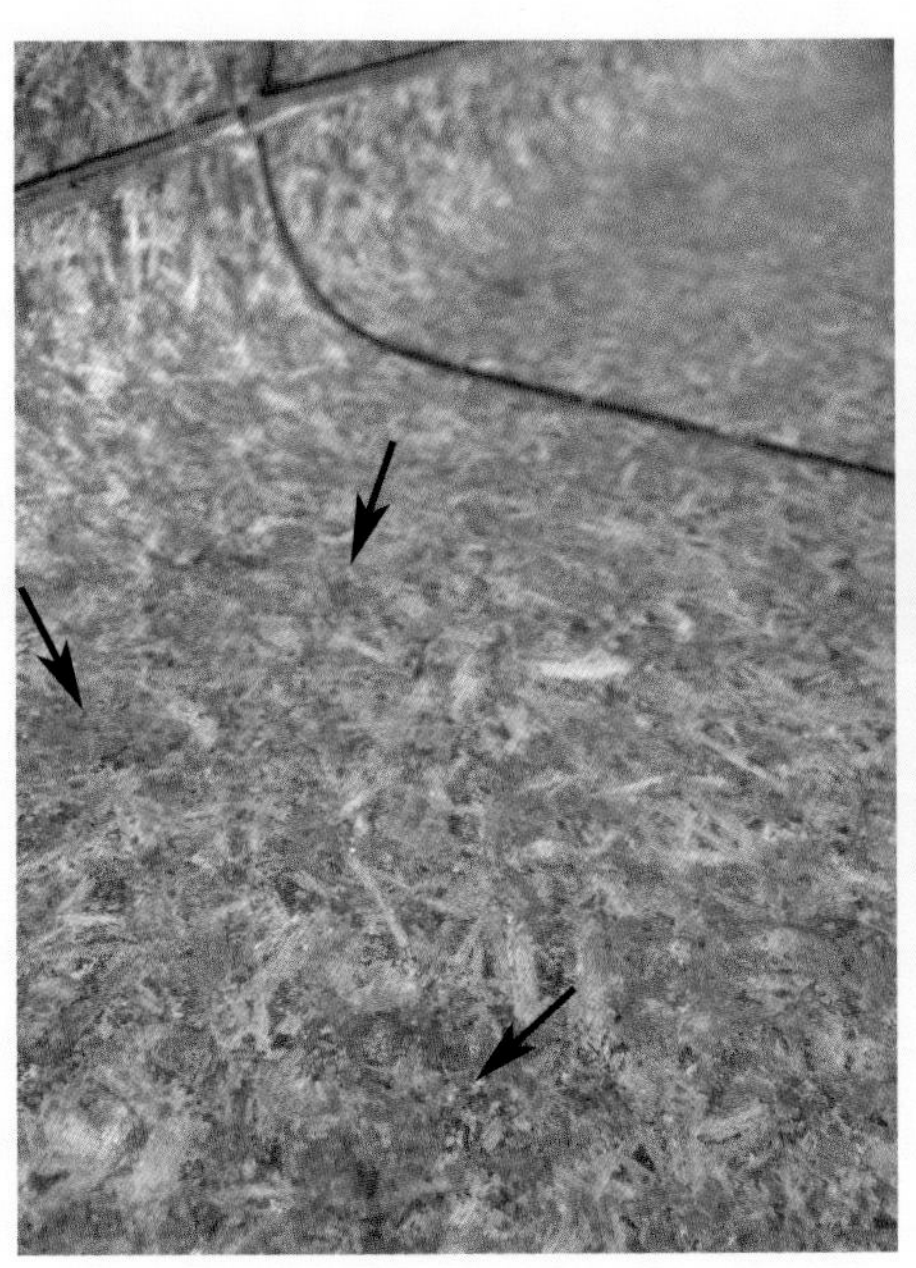

左｜春先、暖かくなる頃、公園のベンチの上で餌の花粉をさがして歩き回るカベアナタカラダニ（矢印）。
上｜コンクリートの上に落ちている花粉を食べるカベアナタカラダニ（写真提供：萩原康夫博士）。

花粉を食べて暮らすカベアナタカラダニ

アナタカラダニ属の赤いダニは、人間の血を吸って赤くなっているわけではない。「じゃあなんで赤いの？」「目立つのになぜ？」と僕に詰め寄られる方もいらっしゃるのだが、実はよくわかっていない。鳥などが食べるとマズイ味がするのかもしれないが、僕はまだ味見したことはない。

まあ、こんな調子で僕がカベアナタカラダニの話をはじめると、「ああ、赤いダニですね。森の中にも、海岸にもたくさんいますよね？」と返されることもある。

実は、赤いダニはすべてタカラダニ科のダニではない。赤いダニにはたくさんの科、属、種が含まれている。そして、先ほどから話題にしている、春先にコンクリートの壁を歩いているダニは、「タカラダニ」と一般的に呼ばれているが、正式な名前は「カベアナタカラダニ」で、*Balaustium murorum*

ゾウムシについた赤色のタカラダニの幼虫はまるでアクセサリーのようだ。タカラダニ科のダニの多くは、脚が3対の幼虫期に昆虫に便乗し、分散する（写真提供：西田賢司氏）。
●ケダニ類　タカラダニ科の1種　Erythraeidae sp.

©2010-2021 Kenji Nishida / Web National Geographic Japan (©Nikkei National Geographic Inc.)

(Hermann, 1804) という学名も付いている。カベアナタカラダニは、タカラダニ科の中でも、特殊なアナタカラダニ属 *Balaustium*（バラウスティウム）に属しているのだ。

タカラダニ科は、多くの種が幼虫世代で昆虫に寄生して方々に散り、成虫になると自由生活性となり、ほかの節足動物の卵や線虫を食べるといわれている補食性だ。しかしながら、カベアナタカラダニを含むアナタカラダニ属のダニは、幼虫から成虫まで基本的に花粉食だと考えられている。

花粉をポンプのように吸って、喉の奥の器官で濾しとって、目の後ろにある2つの排気口から空気をはき出すので、アナタカラダニ属の名前が付いた。アナタカラダニ属にはカベアナタカラダニをはじめとして、たくさんの種類が属している。ただ、花粉を食べるといっても、それ以外のものも食べるようで、中にはコンクリート上を歩いているチャタテムシや、弱って落ちてきたユスリカなども食べることがあるらしい。

では、人にとって無害かと思いきや、そうでもな

カベアナタカラダニ。アナタカラダニ属は、タカラダニ科の中でも幼虫期に寄生をやめたグループ。形態的にもウルヌラという穴をもつのでアナタカラダニという（走査型電子顕微鏡像）。
●ケダニ類　*Balaustium murorum* (Hermann, 1804)

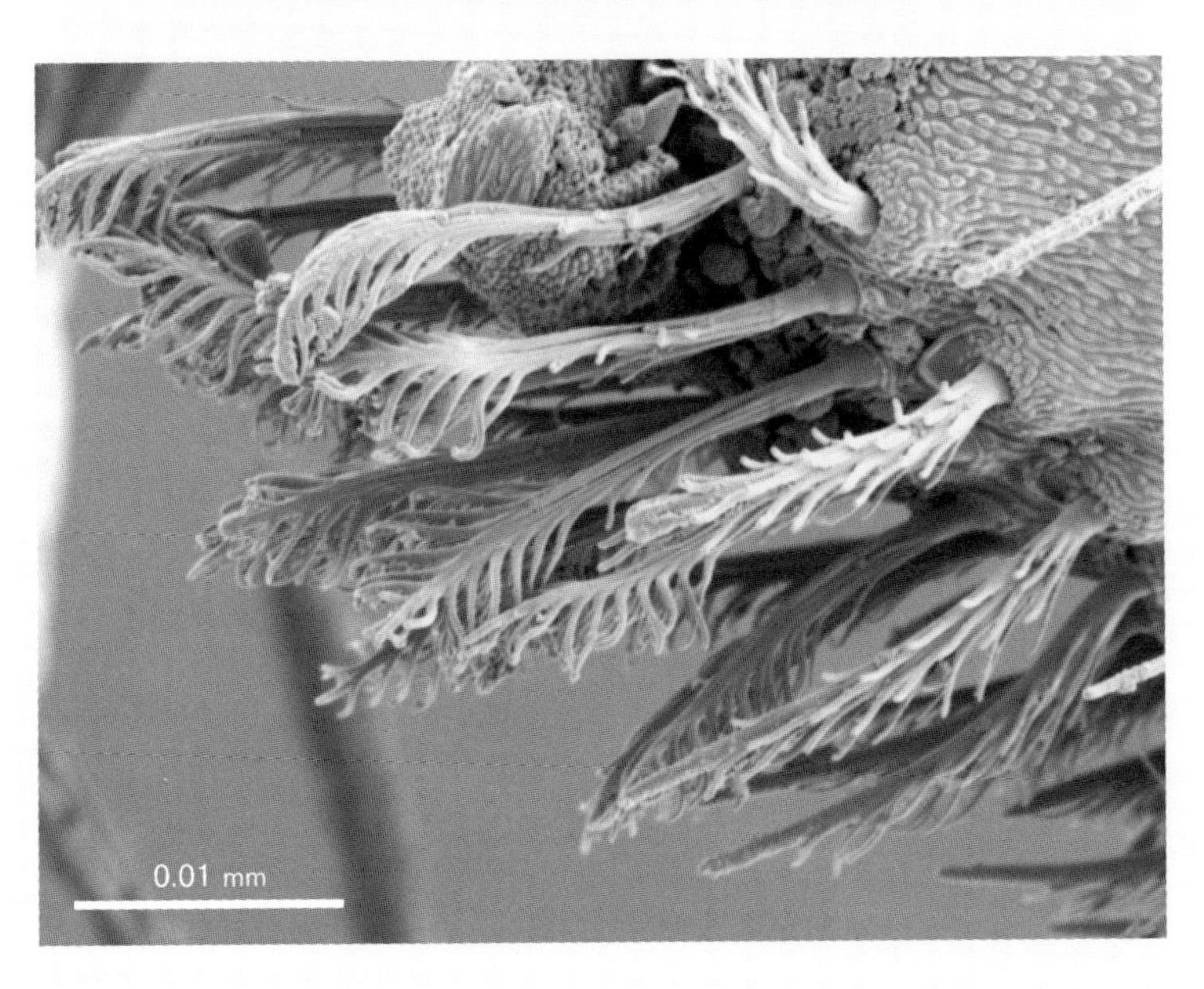

カベアナタカラダニの第Ⅰ脚の脚先の裏の毛。ダニはヤモリ同様、足の裏の微毛と壁の表面のあいだでファンデルワールス力が働くので壁に張り付けるらしい（走査型電子顕微鏡像）。
●ケダニ類　種名同上

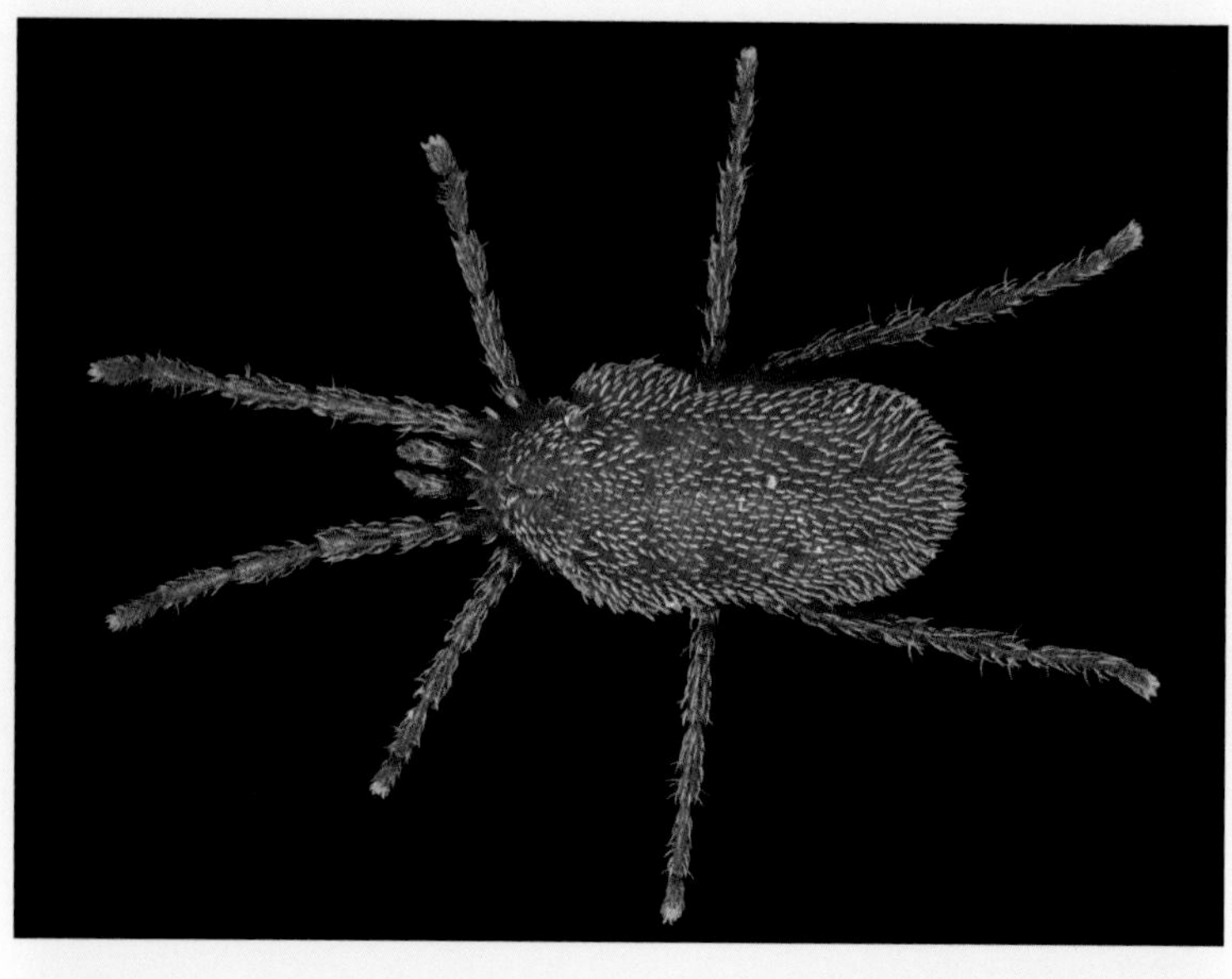

カベアナタカラダニ。特に第Ⅰ脚の先端の跗節は大きく膨らんでいる（写真提供：根本崇正氏）。
●ケダニ類　*Balaustium murorum* (Hermann, 1804)

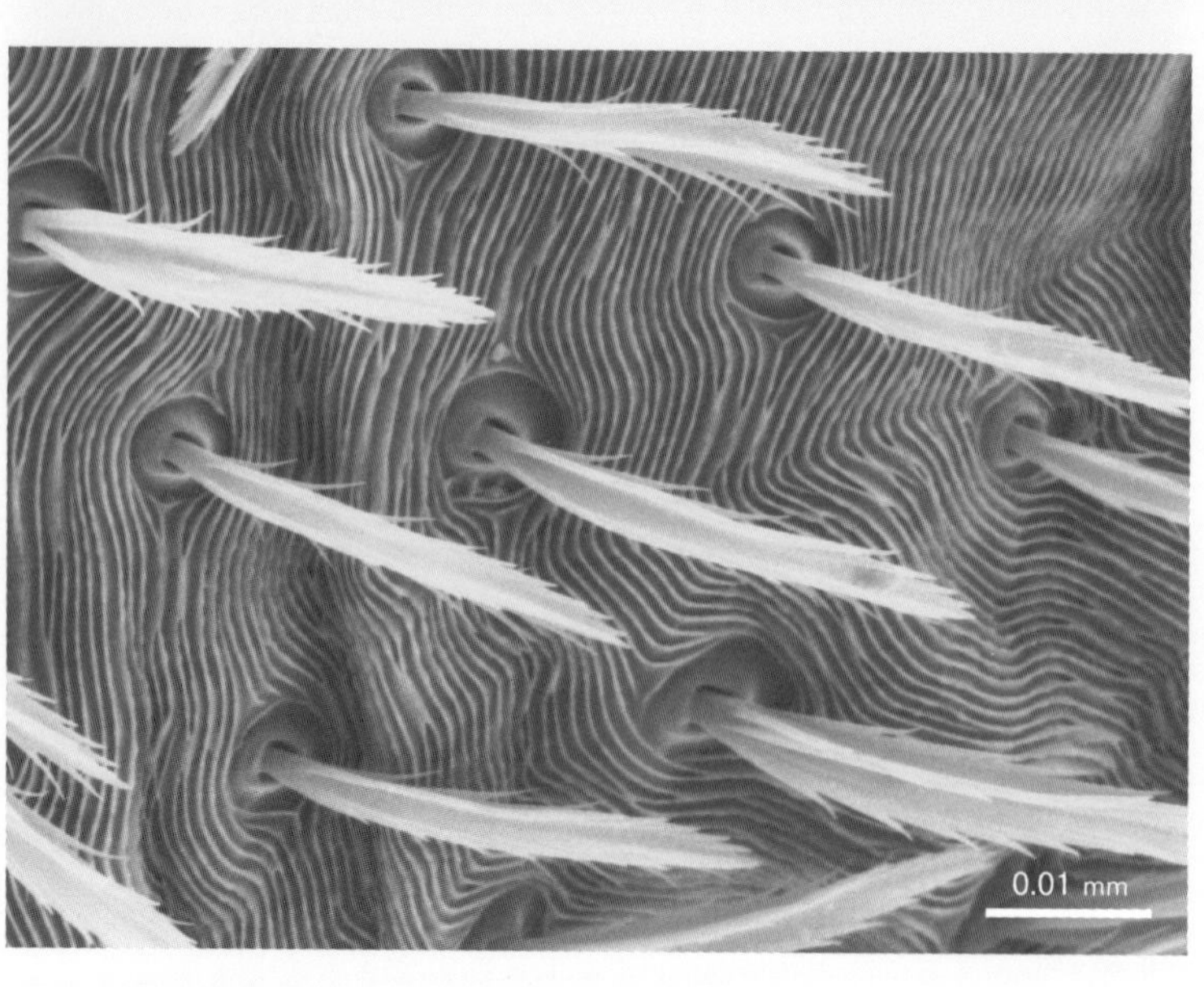

カベアナタカラダニの体表。ケダニ類の仲間は毛が多く、体表には逆V字型の線が無数にある（走査型電子顕微鏡像）。
●ケダニ類　種名同上

いらしい。アメリカでこのダニに噛まれたという咬傷例が報告されており、日本でも一例ある。ただ、関係者に尋ねると「実際に噛まれたりしたことによって直接、症状が表れたのかといわれると断言は難しいかもしれない。発端は、ダニが偶然噛んだか、もしくは皮膚を歩いたことによってその存在に気付き、引掻いてダニをつぶしてダニ体液に対してアレルギー反応が出現したと考えるほうがいいかもしれない」という回答が戻ってきた。ダニの口器は人間を噛めるような構造ではないので、ご安心いただきたい。

どこから来て　どこへ行くのだろう

では、カベアナタカラダニ（ケダニ類●）が〝無害〟かというと、確かに無害には違いないが問題が起こるケースはある。病院では、カベアナタカラダニが室内に入ったりすると入院患者さんから苦情が出る。化粧品会社、食品会社などでは、外壁から窓越しに入り込んだカベアナタカラダニが混入して苦情がでたりしないように、大変に気を遣われているらしい。

関係者に話を聞いていると、このダニはときに誤解されているようで、土壌中で発生し、それがコンクリートの建物の壁を伝って、窓や屋上に到達しているのではないかといわれることがある。しかし、それはほぼ間違いで、発生源は建物の屋上のコンクリートのクラック（ヒビ割れ）やそこに発生する地衣類やコケ類だと考えられる。土壌から発生しているというのは、コンクリート建物の場合は間違っている。したがって、コンクリート建物の壁面を洗浄しても、地面から上がってくるわけではないので意味がない。

それでは屋上のどこにいるのか？　屋上の縦向きの亀裂は、雨のときに水がたまるので、そこにはダニはいない。屋上の縁の側面のクラックや付着しているコケ類などが原因だと考えられる。害虫駆除業者の方々は、そこに殺虫剤を散布するのだそう。ダニは昆虫ではないので、殺ダニ剤がいいのではないかと考えたりしているが、どの殺ダニ剤がいいのかについては、僕にはよくわからない。

カベアナタカラダニ（ケダニ類●）は、春に桜吹雪の頃に卵が孵って幼虫となり、成長して成虫になると卵を産む。そして、梅雨になる時期には、成虫は寿命を迎え、来年の春まで卵は孵ることなく過ごす。

殺虫剤（殺ダニ剤）は、この殻の厚い卵には十分に効かないらしく、春先にダニが見られるようになってから散布すると効果的なようである。ダニの時期に散布すると数年でビルからダニがいなくなるという。このときも、住処であるコケ類、地衣類などが付着する屋上構造物の側面を狙うのであって、そこには実際に歩き回っているよりも多くのダニが潜んでいる。薬剤を使えないときには、高圧洗浄機のようなものが効果的なのではないかと思うが試したことはない。

梅雨がはじまる頃、多湿の日には、カベアナタカラダニは外に出て活動するのではなく、屋上の側面のクラックや地衣類やコケ類に入り込んでじっとしている。この時期に産卵もするらしい。梅雨本番になると、卵を抱えたまま寿命を迎えた成虫体内で、卵は卵胎生と呼ばれる状態で休眠状態になるともいわれている。

次の春になったら　またおいで

駆除の話題になると、心が荒んでしまったような気がするので話を戻そう。カベアナタカラダニにはオスがいないといわれている。メスがメスを産む単為生殖である。つまりすべてお母さん。

僕の机の上には、一年前に彼女たちを飼育していたビンが置かれていて、ときどきそのビンを手にとって見ることがある。このときの想いを講演でお話しする機会があった。

春の暖かい日差しの中で、花粉を食べながらのびのび育ったカベアナタカラダニは、梅雨の雨が降り出した暗い空の下、卵を産んで、そのまま死んでしまいます。自分たちの娘の姿を見ることなく、カベアナタカラダニのお母さんは死んでいくのです…。

こう話した後、話を聴いてくれている皆さんを前にして、僕はいつも心の中でつぶやく。「来年になったら、またおいで、カベアナタカラダニたち」。

すると不思議なことに、講演中にもかかわらず涙がこぼれそうになる。そんな自分に、少し苦笑いする自分もいるのだが…。

カベアナタカラダニについては後日譚がある。僕たちは、朝鮮半島やモンゴルで本種を新たに発見して、日本産やヨーロッパ産と同種であることを明らかにした。「外来種説」は自ら否定したが、本種が広くユーラシア大陸に分布することがわかったのだ。結局、コンクリートの建物の増加により彼女たちが目立つようになったらしい。

春先に咲くウドの花の上では、ほかの昆虫を食べるために肉食のジョウカイボンが待ち伏せする。ジョウカイボン(浄海坊)は漢字では菊虎とも書き、英語ではソルジャー・ビートル(Soldier=兵士、beetle=甲虫)と呼ばれる。獰猛な捕食者もまた、アクセサリー(タカラダニの幼虫)をつけていた。

すごいダニ

超音速旅客機よりも速く
ティラノサウルスより強い

ダニは、熱帯はもちろんのこと、南極大陸から北極圏まで、地球上のあらゆる場所に生息している。ダニは陸上で進化したので、陸上にはことのほか種類が多い。森、街路樹の土、ロンドンの石畳の隙間のゴミの中（66頁）、淡水の湖沼、地下水、40度の温泉水の中にも生息している。高い山から海岸まで、ありとあらゆるところにダニはいるのだ。

昆虫類も、ダニが属するクモガタ類も、祖先は水中の節足動物である。それが約4億年前のデボン紀に、別々に陸上に現れたと考えられている。その後、陸上でさまざまな環境に進化し適応してきた中で、ふたたび海に適応を試みるものが現れた。

海に進出した昆虫は、ウミアメンボやウミユスリカなどで、海水面や潮間帯止まりだが、ダニは海の中にまで進出した。森に棲むササラダニでさえ、潮間帯に棲む種類が見つかっているし、世界で一番深い海から見つかったウシオダニは日本近海、伊豆半島沖約7000メートルの深海から記録されている。

ところで昨今、やたらに「〇〇はすごい」というタイトルの生物を取り扱った本が流行っている。二番煎じどころではなく、異なる出版社から複数刊行されている。後発のものも売れているのは不思議で、心の中では「ダニだってすごいけど絶対そんなタイトルの本を書くものか」と思っていた。それなのに、とある依頼でダニのすごいところをまとめなければならなくなったので、あっ

北海道襟裳岬の海岸で晩春に見かけた赤いダニ。花粉を食べたり、海藻の上で結婚相手を探すものも。人間や動物にはまったく危害を加えないので安心してほしい。

さりと書くことにした。そのきっかけとなった質問と、それに対する僕からの回答をぜひご覧いただきたい。

いったいダニは世界に何匹いるの？

【質問】ダニはたくさんいるそうですが、世界に生息しているダニは全部で、どのくらいの数になるのでしょう？　シロアリは世界に24京（けい）個体（10の16乗という天文学的数字）が生息していると本で読んだことがあります。

【回答】ダニ全体が地球上でどのくらいの数生息しているのかを計算するのは容易なことではありませんが、僕が専門としているササラダニで計算してみましょう。ササラダニ類（●）は、ダニ類に属する7つのグループのうちの1つで、森林の土壌、草原の土、街路樹に生息しています。

両手を前に伸ばして四角をつくってみてください。この手で囲った面積が1平方メートルだとします。

宮城県気仙沼市、唐桑半島にある海に面する御崎神社の森。寒い東北地方には非常に珍しい照葉樹林が、海の暖かさによって広がっている。自然豊かな照葉樹林の森に棲むササラダニ類がここで数多く見つかる。

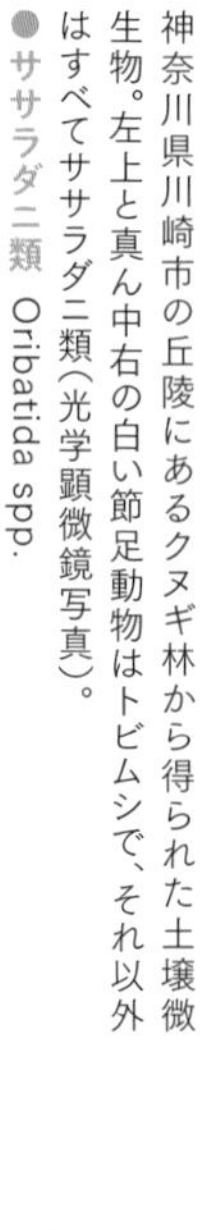

神奈川県川崎市の丘陵にあるクヌギ林から得られた土壌微生物。左上と真ん中右の白い節足動物はトビムシで、それ以外はすべてササラダニ類（光学顕微鏡写真）。
●ササラダニ類 Oribatida spp.

よく保存されている森林へ行くと、日本の土壌には1平方メートルあたり約2万から8万個体のササラダニ類（●）のダニが生息しています。

ササラダニ類は、生態系の分解者として知られています。餌は落葉落枝とそこに生息するカビなど。ササラダニ類の糞をさらに土壌微生物が分解してくれます。ササラダニ類などの節足動物は「物理的分解者」、土壌微生物は「化学的分解者」と呼ばれ、植物の栄養になるようないい土をつくり出すのです。もし生態系から分解者がいなくなると、森は落ち葉で覆われてしまうかもしれませんね。

さて、日本の国土の68パーセントが森林で、森林面積は約２５００万ヘクタールです。ここでは種数は考えず、暖温帯の日本では1平方メートル当たり約4万個体のササラダニ類が生息しているとします。すると、日本の森林だけに生息するササラダニ類だけでも、約1京個体（10,000,000,000,000,000個体）が生息していることになります。

約1京個体と試算しましたが、かなり乱暴な推定値であることは明らかです。草原や、街路樹は含めていないので、実際にはさらに多くの個体が生息しているのでしょう。

約40億ヘクタールになるという世界の森林面積は、全陸地面積の約3割を占めています。日本の森林だけに生息するササラダニ類の個体数をもとに、単純計算をすると、世界中の森林土壌だけでも、ざっと160京個体が生息していることになります。

世界には、プレーリーやモンゴルの草原など、地球上の広大な面積を占める重要な森林以外の草地があります。ササラダニ類（●）はそういう地域にも生息しています。

植物は、コスタリカの熱帯雨林など広い面積の熱帯雨林で多様性が高いことは知られていますが、チェコの草原など、狭い面積で比較すると面積当たりの種数が熱帯雨林よりも多い場合があります。ですから、草地も見逃すわけにはいきません。実際、草原に生息するササラダニ類は多いので、地球上に生息するササラダニ類の個体数は、先ほどの試算よりもさらに多い個体数になるのは確実です。これだけの数のササラダニ類は、ほぼすべてが生態系の中の分解者として機能しています。

地球上のダニ類は約5万5000種が記録され、このうちササラダニ類は約1万種を占めています。ササラダニ以外のダニは、昆虫に便乗していたり（10頁）、鳥（92頁）や動物（34頁）、あるいは植物（118頁）、水の中（51頁）などさまざまな所に生息しているので、ダニ類全体での個体数はさらに増えます。地球上に生息するダニ類の個体数は「京」の単位を超えて、次の「垓（がい）」という耳慣れない単位に達するかもしれないのです。なお、ササラダニ類は、多様性も高く、よく保全された森林内の1平方メートルに、約150種類が生息しています。昆虫ならば数十種くらいではないかと思います。

1953年に記載されたオンセンダニ *Trichothyas (Lundbladia) japonica* (Uchida & Imamura, 1953)が発見されたと考えられる、新潟県の妙高高原にある燕温泉の露天風呂（以前の露天風呂は右の崖の上にあるが、上に岩があり危険なので現在は使われていない）。

ダニはマッハ1・6で移動する？

【質問】膨大な個体数のほかにダニのスゴイところを簡単に教えてください。

【回答】とっておきのすごいダニを3種、ご紹介しましょう。一つ目は、いつもは清涼な真水中に生息するミズダニ類（ケダニ類●）の仲間、オンセンダニ *Trichothyas* (*Lundbladia*) *japonica* (Uchida & Imamura, 1953) というダニです。このオンセンダニは、新潟県の妙高高原にある燕温泉の露天風呂の中から新種として記録されました。常に40度を超える熱い温泉に耐えて生息できるようなのです。人が入るお風呂としてはややぬるいくらいの湯加減ですが、ずっと入っていたらのぼせてしまいます。

二つ目は、ハモリダニ（ケダニ類●）の仲間です。このハモリダニが動物全体の中でいちばん速く動けるという試算があります。「1秒あたり身長の約300倍の距離を移動できる」のだとか。人の身体のサイズに換算してみると、マッハ1・6に相当するそうです。音速の1・6倍、超音速ジェット機なみということになります。

ハモリダニはまた、60度の熱にも耐えられるともいわれていて、確かに熱くなった浜辺の岩の上でも見つかります。節足動物の仲間では、通常の状態で60度の熱に耐えられるものはかなり珍しい存在といえるでしょう。

そして最後の三つ目は、森にいるササラダニ（ササラダニ類●）の仲間です。ササラダニは、自分の身体よりも大きなかたい落ち葉などを食べるので、地上最強の顎の力をもつとされるティラノサウルスと顎の強さを比較してみました。

ササラダニの顎の1本の歯（ダニは鋏角顎体部の突起）にかかる力を算出したところ、もしササラダニとティラノサウルスが同じ大きさならば、ササラダニのほうがティラノサウルスと比べて6倍から10倍も顎の力が強いことになったのです。どうですか、ダニのすごさを感じてもらえたでしょうか。

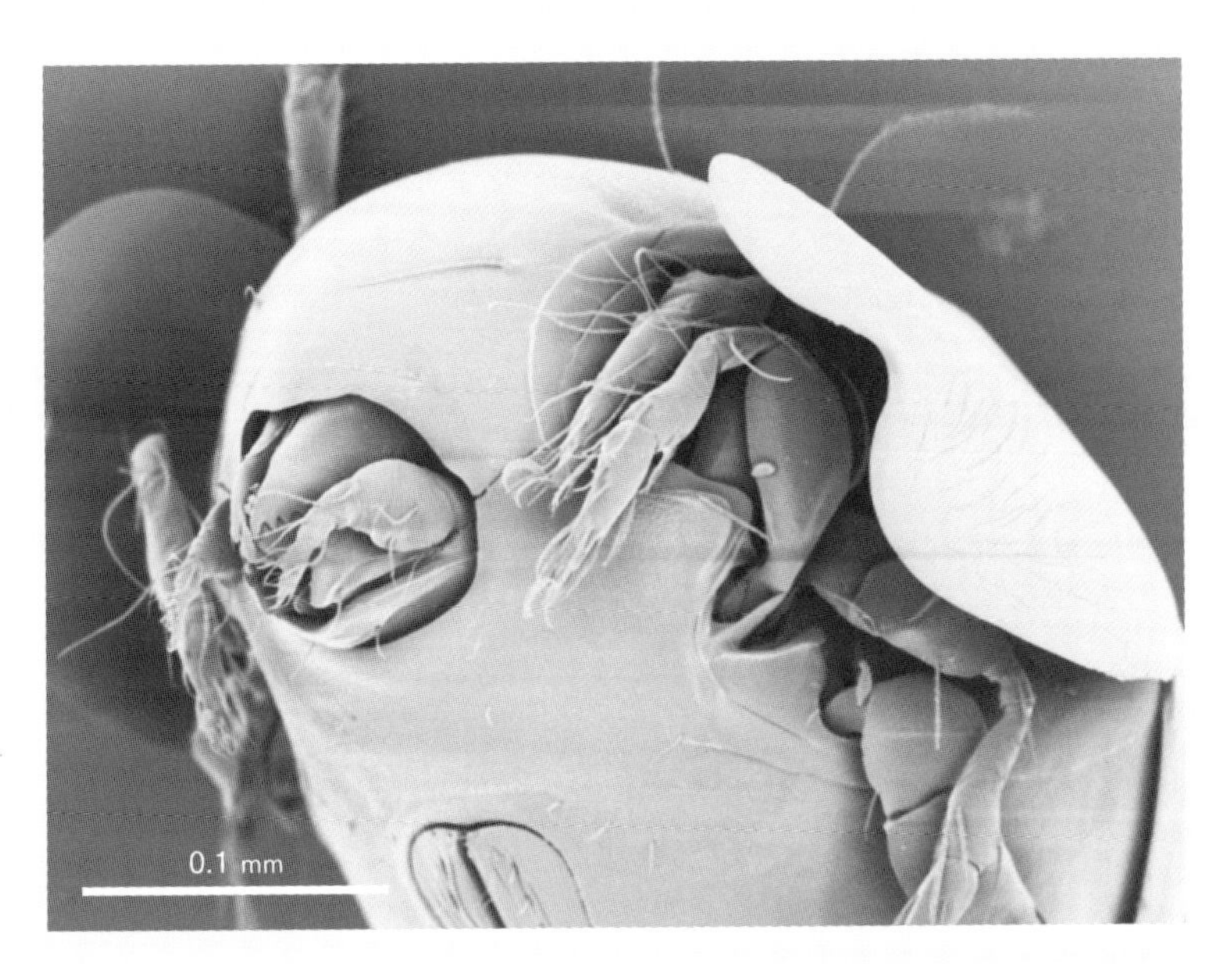

フリソデダニ類の一種。外敵に襲われると翼のような板を閉じて、軟膜でできた関節のある脚を守る。ササラダニの外骨格はほかのダニと比べてかなりかたい(走査型電子顕微鏡像)。
●ササラダニ類　アラゲフリソデダニ
Pergalumna intermedia Aoki, 1963

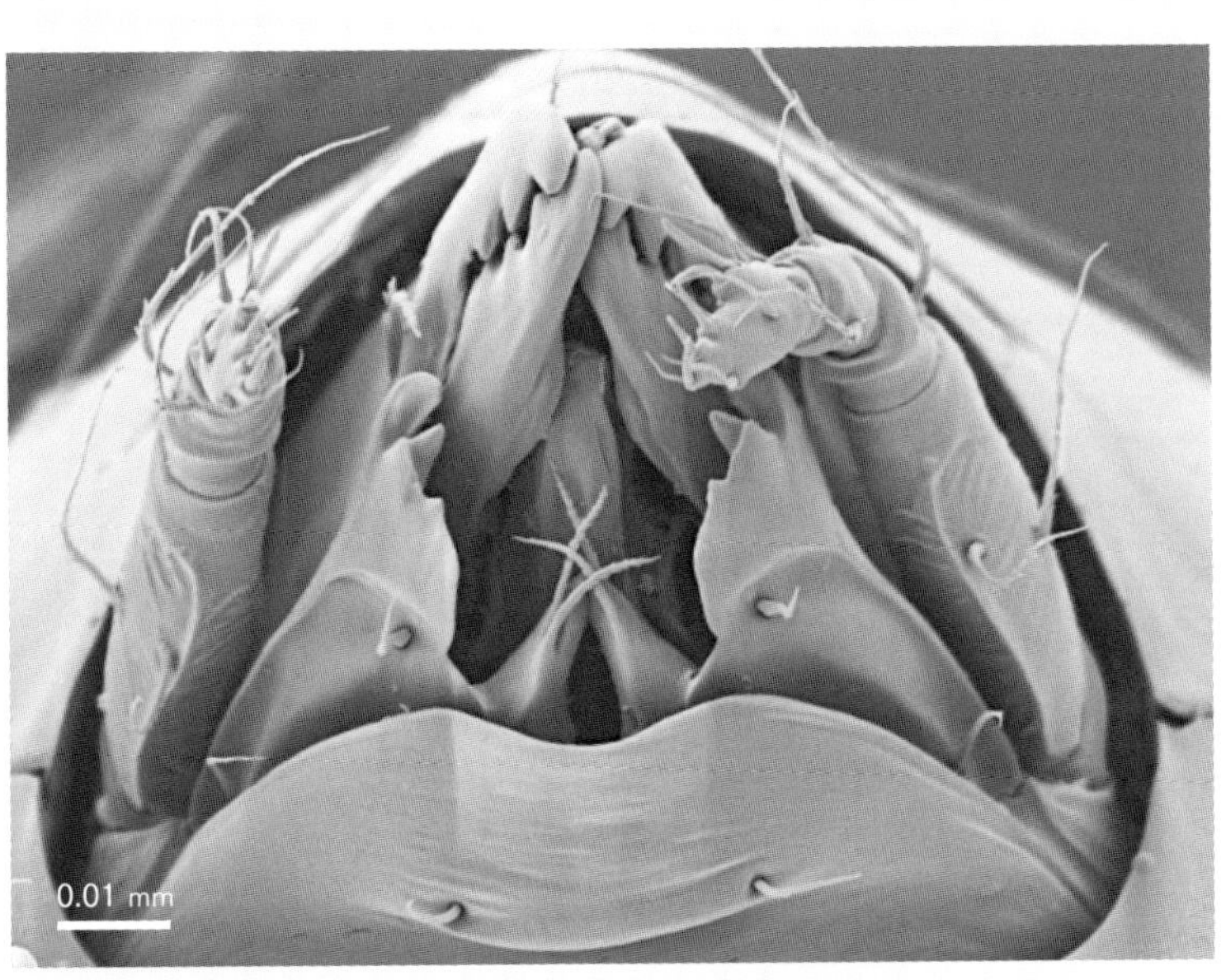

アラゲフリソデダニの一種の鋏角。ものすごい顎の力をもつと推定される、驚くべき存在(走査型電子顕微鏡像)。
●ササラダニ類　種名同上

ダニが翔んだ日

ツバメの羽のあいだから
ササラダニさん こんにちは

ある年の6月、我が家の庭に一羽の鳥が来ているのに気がついた。鳥は、庭の水溜まりに何度も飛んできては飛び去って行く。明るい太陽光線の中、背中がまるで宝石のように藍色に輝き、対照的に頭とのどが赤い。こんな美しい鳥を、これまで見かけたことがあっただろうか…。

冬には見かけないその鳥は、ツバメ *Hirundo rustica* Linnaeus, 1758だと気づくまでには少し時間がかかった。ツバメは初夏につがいをつくる。そして、何度も水溜まりにくるのは、お互いが土を持ち帰り、自分たちの巣をこしらえるためだった。

日本のツバメは、泥と枯草を唾液で固めて巣をつくる（写真提供：佐藤賢二氏）。

高級食材「燕の巣」とツバメの巣

ツバメの巣と聞くと、すぐに高級食材の「燕の巣」を思い浮かべる人もいるだろう。東南アジアのマレー半島、タイやマレーシアの片田舎を車で走る

タイ南部クラビー県の海岸と岩山。典型的な南部の石灰岩地帯の風景。タイの国土の18パーセントが石灰岩質で、約5000の洞窟がある。以前は、燕の巣を採るために、洞窟内で何メートルものハシゴをかけ、危険な高所作業が行われてきた。

と、窓枠も窓ガラスも入っていないビルが建っているのを、よく見かける。大きな窓が開きっぱなしのまま、使われている様子はまったくない。不思議に思い、現地の友人に尋ねると、友人は「あのようなビルは本来の目的がツバメに巣をつくらせるための建物なのだ」と教えてくれた。中華料理では高価な食材なため、ツバメがいなくなってから巣を採って売るのだそう。

ただ、この「燕の巣」をつくるツバメの本当の名前は「アナツバメ」で、繁殖のために東南アジアから日本にやって来るツバメとはかなり離れた分類群だ。

このアナツバメ類は、アマツバメ目アマツバメ科に属し、おもに東南アジア沿岸に生息する。アマツバメの仲間は断崖絶壁に巣をつくり、なかでもアナツバメ類は洞穴内の壁に営巣するらしい。

アナツバメ類は、採取した巣材をほとんど使わず、ほぼ全体が唾液腺の分泌物でできた巣をつくり、それが食材となる。スープや、デザートに使われる独

ツバメの巣(和歌山県、写真提供:西田賢司氏)。

©2010-2021 Kenji Nishida / Web National Geographic Japan (©Nikkei National Geographic Inc.)

特のゼリー状の食感が特徴で、タンパク質と多糖類が結合したムチンが主成分だ。

「燕の巣」が採取されるタイでは、海岸沿いに多くの岩山が見られ、絶景を誇る。本来、アナツバメは岩山に生活していた。しかし、最近になって巣の採取用の鉄筋コンクリートの建造物から巣が採れるようになって、市場への「燕の巣」の供給量が増した。

日本のツバメは、アナツバメとは目のレベルで分類群が異なり、巣のつくり方もまったく違う。人家の軒先などにつくられる巣は、唾液だけでなく泥や枯れ草からなり、到底食用には適さない。人家の軒先にツバメが営巣しはじめたのは、当たり前だが人間が家をつくるようになってから。それまでは、日本でも岩山や洞窟の入り口などに巣をつくっていたのだろう。

メキシコシティーの鳥とダニ

さて、ダニの話だ。動物につくマダニ類(●)は

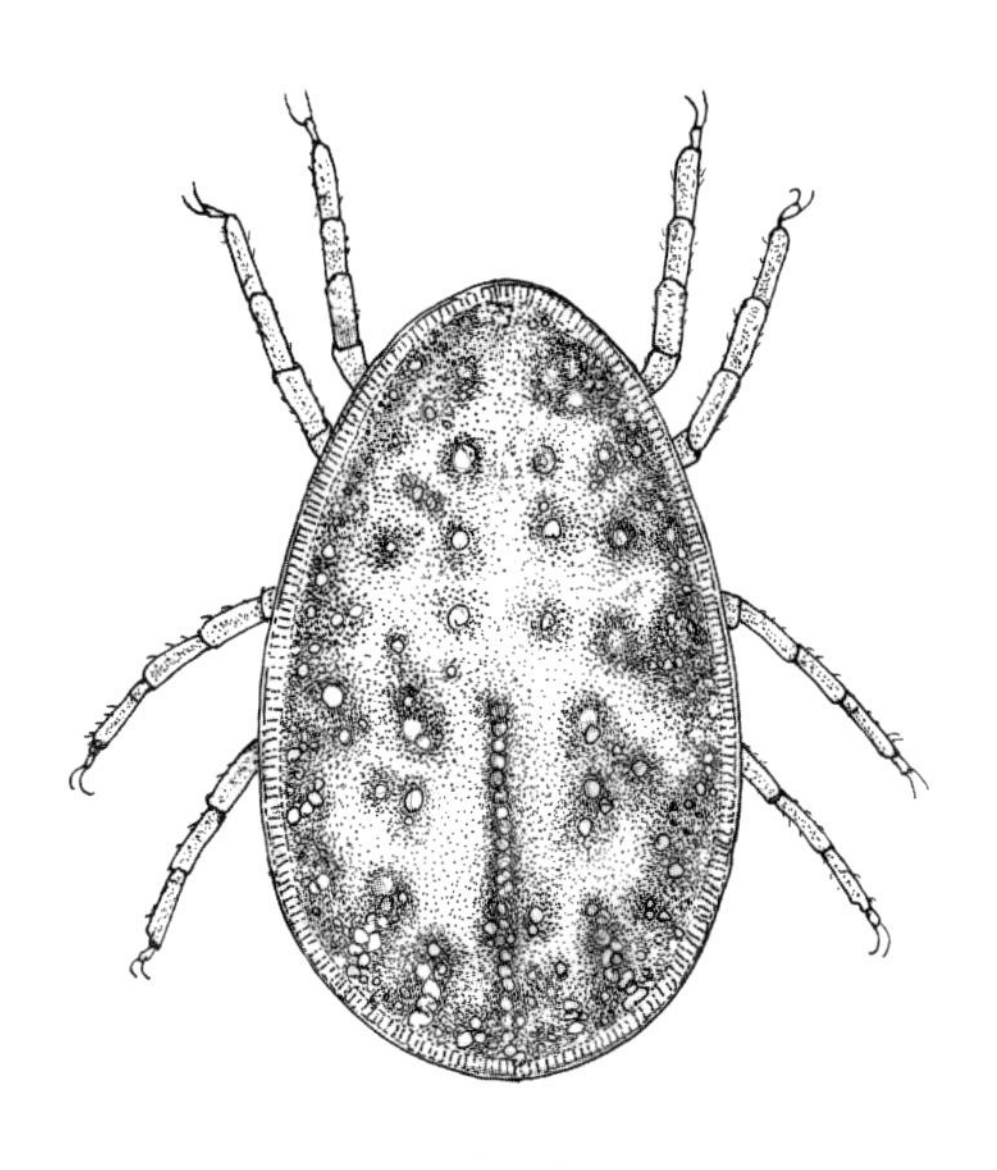

ツバメヒメダニ。「ヒメ」という名前に反して大型で、小さなスイカの種くらい。日本ではコシアカツバメとイワツバメにつく。近年、50年ぶりとなる東京のイワツバメの空巣から採集された報告（山内・小松、2019）がある（画像提供：黒沼真由美氏）。
●マダニ類　*Argas japonicus* Yamaguti, Clifford & Tipton, 1968

動物の血を吸う。ツバメでも少ないが被害の例が知られている。ツバメヒメダニ（マダニ類●）は、日本では、コシアカツバメとイワツバメにつく。それ以外に、土壌の分解者であるササラダニ類（●）もついていることが知られている。

ダニがつく理由は、巣に使われている泥や枯れ草だ。ササラダニ類としては、枯れ草があるといい餌があると思い、これに取り付かずにはいられない。その結果、鳥の巣に発生するダニと間違われることがある。

ササラダニの立場になって見れば、行きたくもなかった樹上の鳥の巣に連れて行かれたのか、もの好きのダニなら、ちょっと空を飛んでみたいから、ひょいっとツバメの背に乗ったということなのかもしれない。

鳥とダニの関係を探った興味深い話がある。

最近、メキシコ国立自治大学の研究者が、鳥の巣についての論文を発表した。鳥の巣には多くの寄生性のダニが繁殖するが、鳥はダニを含む多くの寄生生物を駆除する物質を多く含んだ植物を使って、巣の内張りをしていることが新たに発見されたのだ。駆除する物質とは、例えばタバコの葉に含まれるニコチンなどの化学物質であり、寄生性のダニなどの節足動物を寄せつけない。

メキシコの都市にはタバコの吸い殻がたくさん落ちていて、これまでの研究でも、メキシコの都市に棲むスズメとフィンチの巣には、ごく普通にタバコの吸い殻が使われていたことがわかっていた。簡単な調査では1つの巣には平均10本分ほどのタバコの吸い殻が使われていたそうだ。

そこで新たにメキシコの研究チームが、メキシコシティーにあるメキシコ国立自治大学のキャンパスに広く分布しているスズメとフィンチの巣、それぞれ25個あまりについて、タバコの吸い殻とダニの数を徹底調査した。その結果、タバコの吸い殻が多く含まれている巣ほど、その巣に生息しているダニの数が少ないことが確かめられた。

彼らはここで立ち止まらず、次に400箱（!）のマルボロを機械に吸わせて、大量の吸い殻をつくった。吸い殻のうち、特にフィルターの部分を用いることにした。煙が内部を通ったフィルターのほうが、新しいタバコのフィルター部分よりもニコチン含有量が多いので簡単に比較に用いることができるからだ。

鳥の巣の両側にダニを引きつける発熱トラップをしかけ（ダニは鳥の体温に集まるので）、熱に集まるダニをテープで捕獲した。一組の発熱トラップのうち、一方には吸い殻のタバコのフィルター、もう一方には新しいタバコのフィルターをセット。すると20分後、吸い殻のタバコフィルターには、新しいタバコのフィルターの半数のダニしか集まらなかった。やはりダニは、ニコチン含量の多いタバコの吸い殻が鳥と一緒だと、近寄りにくいのだ。

鳥は人間と共に生活をはじめたことで、巣をつくるときに本来、地球上にはなかった「タバコの吸い殻」

を積極的に使うようになった。この行動は、寄生動物から身を守るための適応として「進化」したといえるだろう。

ただ、そもそも、好むと好まざるに限らず、鳥にくっついていろいろな場所に連れて行かれるダニたちにとっては、そっとしておいてくれ、という話なのだが…。

街から遠く離れた北極圏の森林でも、夏に凍土が溶けたときに多くのササラダニが見られ、これらも鳥が運んでいるのではないかと考える研究者がいる。東南アジアのササラダニと日本のササラダニも、鳥にくっついて移動して混じり合うことはあるだろう。でも、まったく同じササラダニ群集になってしまうことはない。彼らにもそれぞれ自分に適した環境があるのだ。

日本に戻ってくるツバメを見ていて、その羽のあいだに東南アジアからやって来たササラダニの姿が見えたような気がしたら、そろそろダニを探す旅に出たほうがよさそうだ。

part 1

電子顕微鏡写真で見る知られざるダニたちの姿

著者が走査型電子顕微鏡を駆使して撮影したトゲダニ類(●)とマダニ類(●)の本当の姿をご紹介しよう。

●トゲダニ類 Gamasida

正面｜体長1ミリメートル程度、暗褐色で光沢がある。横から見ると背板がフタコブラクダのように隆起している。メスのみで、オスは見つかっていない。自由生活性。本州、四国、九州など、身近な森の落葉層から普通に見つかる。メキシコで近年まで広く用いられた「カウボーイの帽子」という名の帽子「ソンブレロ・デ・チャロ(sombrero de charro)」に似ている(走査型電子顕微鏡像)。

【ラクダイトダニ】

学名: *Uropoda gibba* Hiramatsu, 1976

【ホシモンカザリダニ】

学名: *Epicriopsis stellata* Ishikawa, 1972

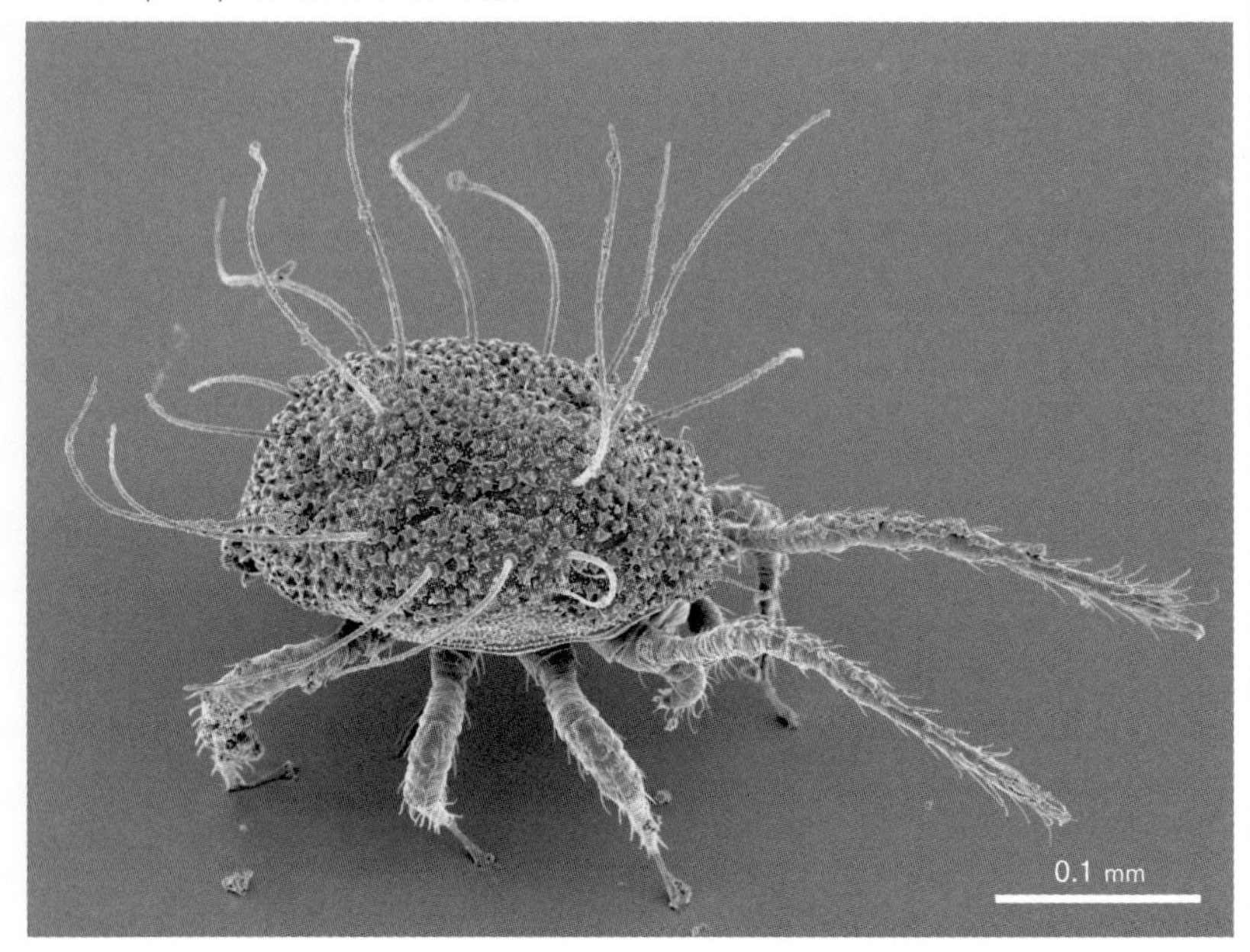

全身(背側) | 体長0.3ミリメートルほど。茶褐色。本州、九州、四国、南西諸島などに分布。落葉中で自由生活性。第Ⅰ脚に微小な爪をもち、昆虫にも便乗する。飾りをつけた体表が目を引く(走査型電子顕微鏡像)。

体表(背側) | 体表が星形なので、学名にstellata(ステラータ)と付けられた。ステラ(stella:ラテン語、イタリア語)は、「星」を意味する。英語のstar(星)と同じ語源(走査型電子顕微鏡像)。

0.05 mm

【ミヤコカブリダニ】

学名: *Neoseiulus californicus* (McGregor, 1954)

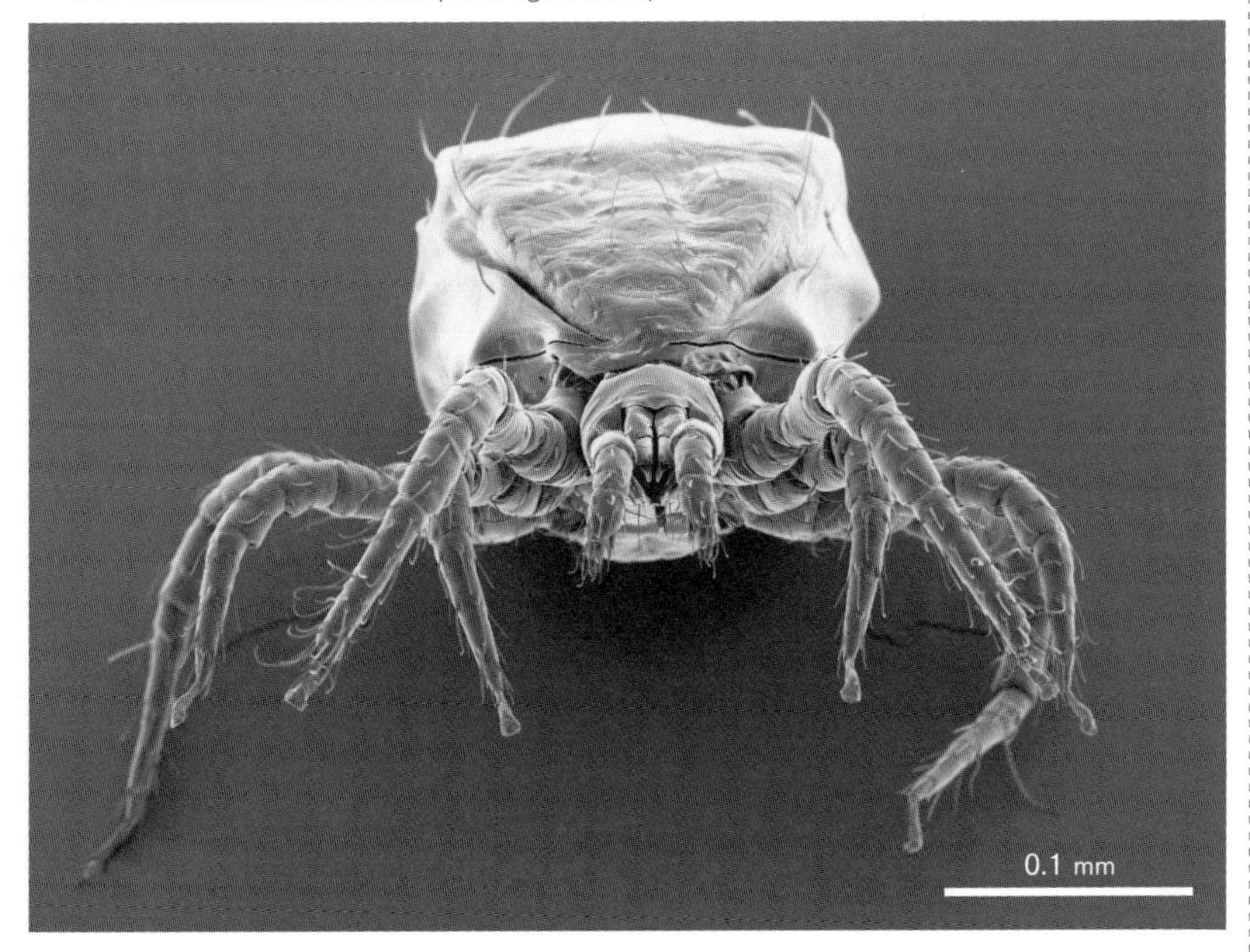

正面｜日本にも生息するカブリダニで果樹園などで見られる。ナミハダニなどの多くのハダニ類、アザミウマやコナジラミも捕食するため、その高い防除能力から生物農薬として販売されている(走査型電子顕微鏡像)。

鋏角｜鋭い鍵爪状の鋏角は、左右別々に稼働し獲物を逃がさない。ハウス栽培の野菜、イチゴ、花き・観葉植物、茶などにハダニの発生時に本種を放つとハダニを待ち伏せて捕食する(走査型電子顕微鏡像)。

0.02 mm

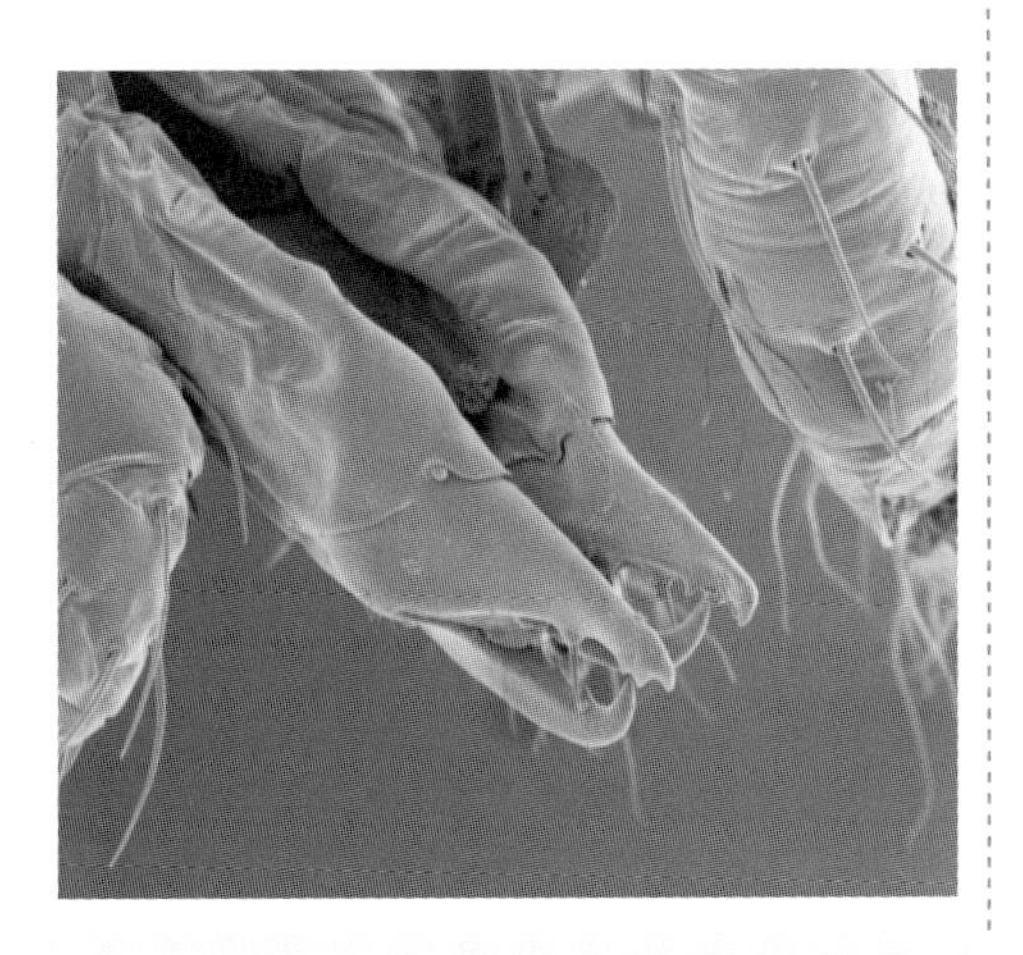

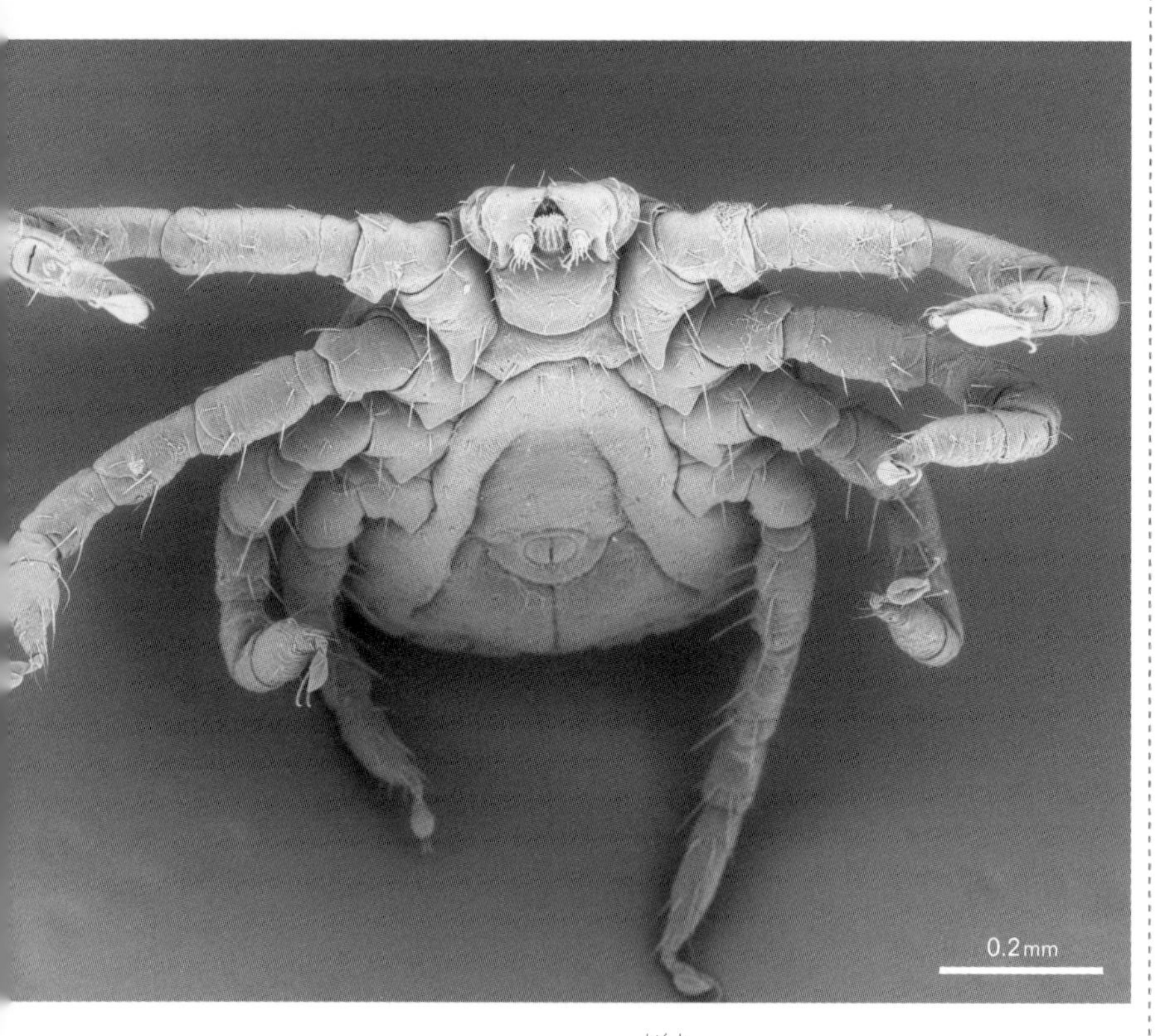

全身(腹側)｜口器を両側からカバーしている1対の触肢(しょくし)に、下向きに感覚毛が密集している部分がある。この触肢の先端の感覚毛の集まりは、動物の血を吸うときに場所を検索する感覚器官。これで「注射をする前に看護師さんが、その場所を指でなぞるような」ことをするのではないだろうか(走査型電子顕微鏡像)。

【フタトゲチマダニ】

学名: *Haemaphysalis longicornis* Neumann, 1901

正面｜両側から1対の触肢がカバーしているが、手前の片方を壊して除去した。魚を突くモリのような返し刃がついた口器（1対の鋏角鞘と鋏角：矢印）が現れる。口器は動物の皮膚に差し込まれると返し刃によって抜け落ちにくくなっている。また、その後にセメント物質が分泌されてかたく固着される（走査型電子顕微鏡像）。

【フタトゲチマダニ】

学名: *Haemaphysalis longicornis* Neumann, 1901

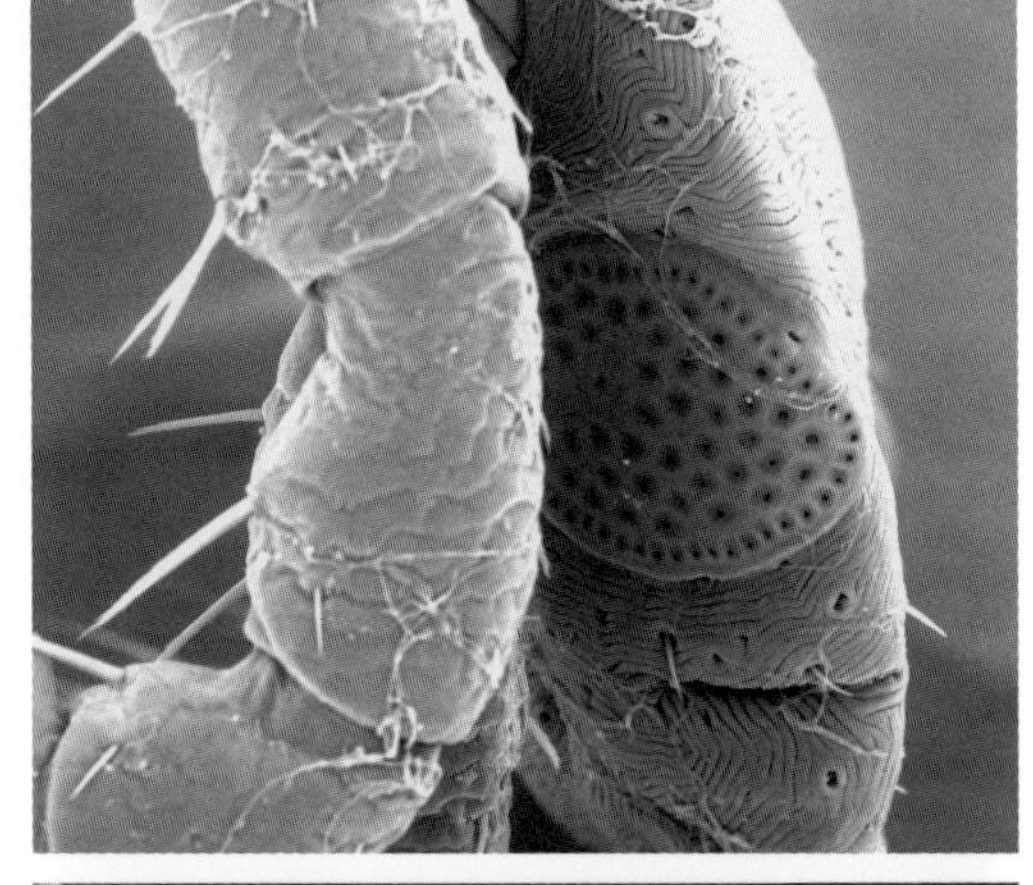

脚・呼吸孔｜マダニを含む胸穴ダニ類の特徴として、気門が身体の側面に開いている。マダニの気門は、ほかのダニにはない呼吸孔というチャンバー状の構造をもち、ここから身体の各部に気管が伸びている(走査型電子顕微鏡像)。

0.1 mm

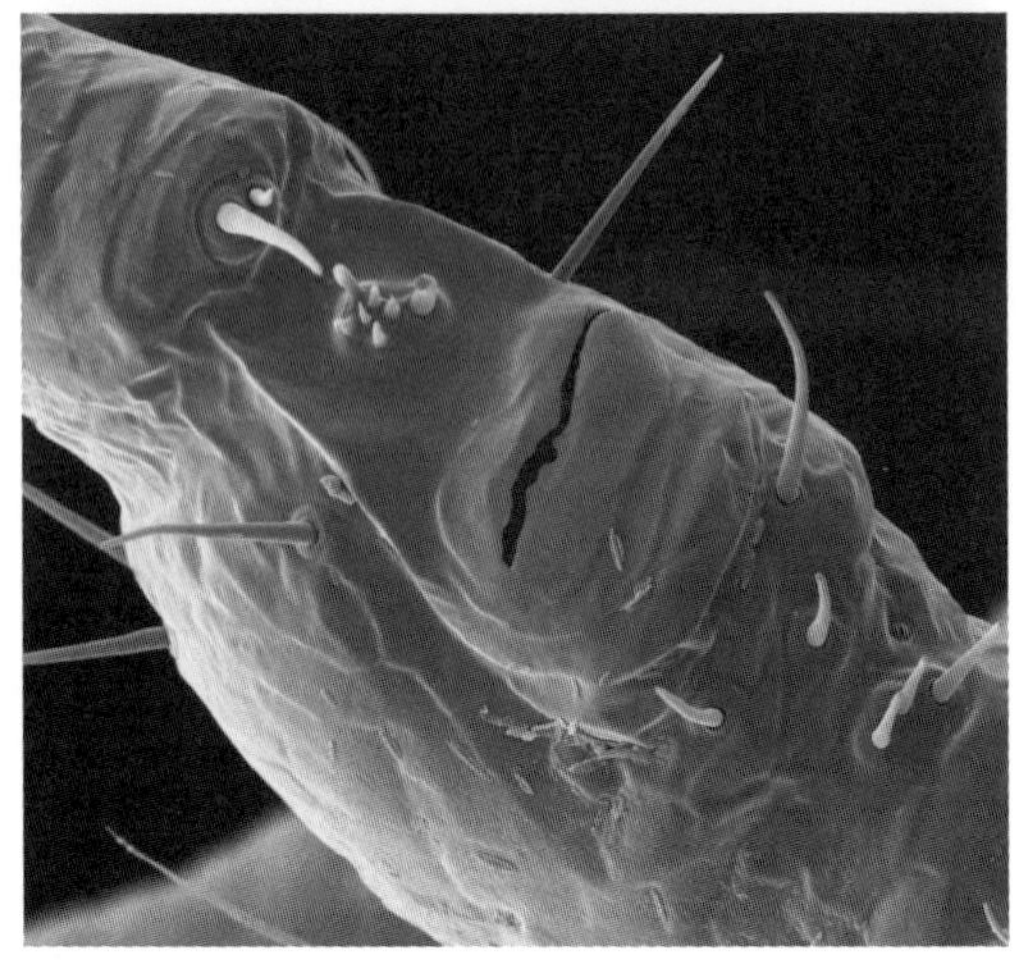

第Ⅰ脚の感覚器官｜ハラー氏器官(Haller's organ)。昆虫類の触角に相当する機能をもつ。宿主動物の呼気や臭気、呼気中の二酸化炭素濃度などを受容する役目を果たすらしい。動物の二酸化炭素などを感じたマダニが立ち上がって第Ⅰ脚を左右に揺らすのは、この器官の感度を高めるためだ(走査型電子顕微鏡像)。

0.05 mm

第2章

夏のダニ

南海の孤島でダニと遊ぶ

森の中で過ごす
至福のひとり時間

「熱帯夜」という言葉がある。文字を見るだけで、寝苦しい夏の夜が蘇ってくる。正確に表現すれば「夜間の最低気温が摂氏25度以上の夜」となる。

赤道近くのインドネシアやマレーシアへ行くと、熱帯気候地域の夜は意外に涼しいことを知る。昼はとてつもなく暑くなるが、日中でも（午後が多いが）スコールがくるとぐっと気温が下がり、肌寒いくらい。スコールがこなくても、夜の8時過ぎには気温が下がり、心地いい風が吹いてくると、さあ寝ようかという気持ちになる。窓を開けたまま寝ると、明け方には寒さで起きてしまうこともある。

熱帯地域の手つかずの森で暮らしていると、時間の経過とともに自分の身体が気候に慣れてくるのがわかる。森に抱かれる感じ。朝の8時頃から気温が少しずつ上がるにつれて、花々にチョウが舞いだす。「美しいな」という感動は、目や脳で感じるものではなく、森と一体になった自分の身体そのものから湧き出てくるようだ。

懐かしい故郷 日本の亜熱帯の森へ

日本にもすばらしい森がある。鹿児島から続く屋久島などの大隅諸島、奄美群島、沖縄諸島、最後に台湾につながる先島諸島は、全体が南西諸島とよばれ亜熱帯気候である。インドネシアなどの熱帯気候の地域では、とびきり大きく

亜熱帯地域にある南西諸島の孤島。サンゴ礁が隆起してできた島は、深い海の中でひょっこり海面から顔を出している状態なので、外洋の深い青色の海水に囲まれている。

奇妙なかたちをした熱帯植物も、亜熱帯の地域ではそれほど大げさではない。それでも、胸躍る自然が待っている。

南西諸島のとある島に飛行機が着陸した。ドアが開き、一歩踏み出すときに感じる、むうっとする空気。気分は一気に高まる。そっと「また会えるね」と、これから出会える亜熱帯のダニたちにつぶやいてみる。空港のブーゲンビリアを見ながら、もう、頭の中にはさまざまな奇妙なかたちをしたダニたちのことを考えていた。

島の空港でレンタカーを借り、目的地の森へ向けて走り出す。街中で渋滞につかまるのは避けたいから、すぐに高速にのる。しばらく車を走らせていると、東京とはまったく違う森が見えてきた。ブロッコリーのような常緑樹。その向こうに見えるヘゴは木生シダの仲間だ。何度見ても恐竜時代に来たみたいだと思う。懐かしい故郷に帰ってきた気がする。

高速道路を終点で降り、いつもの店で果物を買って少し食べて休憩する。亜熱帯の果物は美味しい。「やっぱり帰ってきた」と再確認。ここからもう一息走らないといけない。

白い砂浜の続く波打ち際を左に見ながら、海岸線沿いに車を走らせた。いつもの「魚のマース煮のうまい食堂」や「大盛りの沖縄そば屋」を横目で確認しながら、車は目的地へ向かって走る。共同販売所がな

恐竜時代を彷彿とさせるヘゴ(木生シダ)。日本では、おもに小笠原諸島と南西諸島で見かける。

くなってきた頃、ようやく今晩の宿にたどり着く。島にある大学の研究施設が20年前からの僕の常宿だ。建物の脇に生えている、シークワーサーの木と、枝からぶら下がるカーテンのようなガジュマルの根が、いつものように出迎えてくれた。

森の中でどかっと座り小さな生き物と向き合う

8月1日。虫たちにとって、もう夏は半ばまできている。僕はこの日、特別なことをすると心に決めた。まず、長袖、長ズボン、そして長靴。ここまでは普通。ダニ屋(ダニ研究者のこと)がダニにやられたらはずかしい。マダニ(マダニ類●)はもちろんツツガムシ(ケダニ類●)も用心する。森に入るのに、半袖、半ズボンは禁物だ。暑い夏の日に長袖長ズボンだと少し動いただけで汗がしたたるが、身体を虫から守らなければならない。

長靴はヘビよけだ。ハブは恐い。「少し余裕のある長靴ならヘビに噛まれても、危機一髪でゴムと足の隙間で毒キバが止まるかもね」と、この業界に入るときに教えられた。

最後に、普通に売っている虫除けスプレーを入念につける。特に、足、袖際、そして襟足。スプレーできない顔は、スプレーを手に取って顔を洗うようにしてつける。これが研究者の作法。準備ができたら亜熱帯の森への一歩を踏み出す。

まず、幹が太い常緑樹林の森を探す。できるだけ太い木がたくさんある森がいい。なるべく湿度が高い天然林をめざす。また、斜面だと土壌が雨と一緒に流れて不安定なので、林床が平らなところがいい。

「ここにしよう」

僕は今日、特別なことをするための場所を選んだ。

いつもは採集地をもとめて急ぎ足で土壌を採集し、またそそくさと次の森に向かうのだが、「今日はじっくり、同じ場所で地面を眺めようじゃないか」と思い、どかっと森の中に座り込んだ。

まず、林床に横たわる倒木をヨイショと持ち上げて転がして、その下の土壌をじっくり観察することにした。「うーん!-」。少し大げさに驚いてみた。大きめに声を出してみると気分が出るというものだ。

実にさまざまな土壌動物がうごめいている。目が慣れてくると、ダニたちが目に入るようになった。彼らは朽ち木やその下の落ち葉を食べているのだ。小さな節足動物を食べる捕食者も現れる。ミミズも顔を出して引っ込める。

じっくり眺めていると、さっきまで顔を伝わって流れ落ちていた汗が次第に引いてきた。心地いい風が吹き抜けていく。至福の時間が訪れる。次々とかわいいダニが目に入る。だんだんダニの細部の構造まで見えてくるようになる。

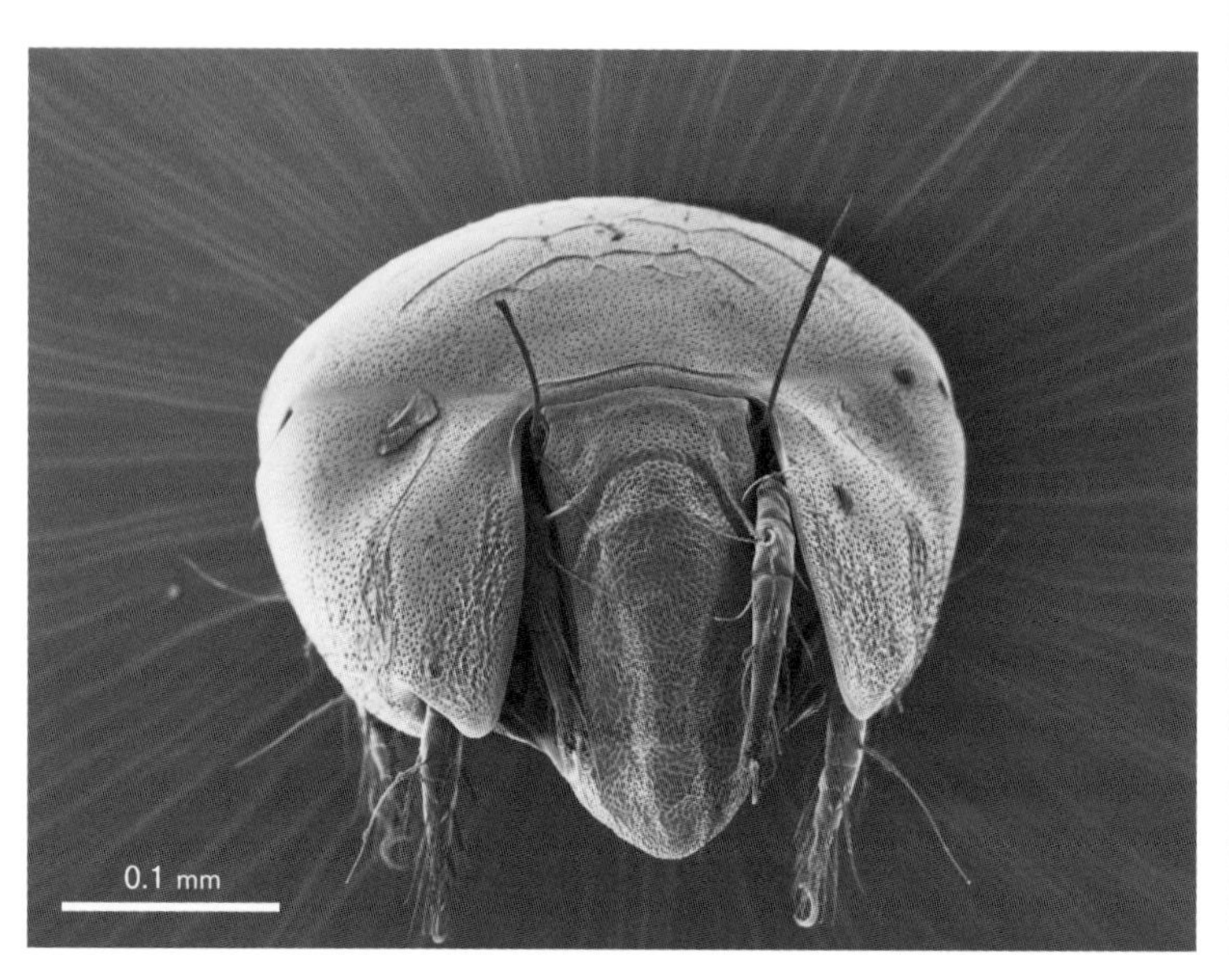

オキナワフリソデダニモドキ。沖縄本島北部の撹乱の少ない森林に生息する（走査型電子顕微鏡像）。
●ササラダニ類　*Galumnella okinawana* Aoki, 2009

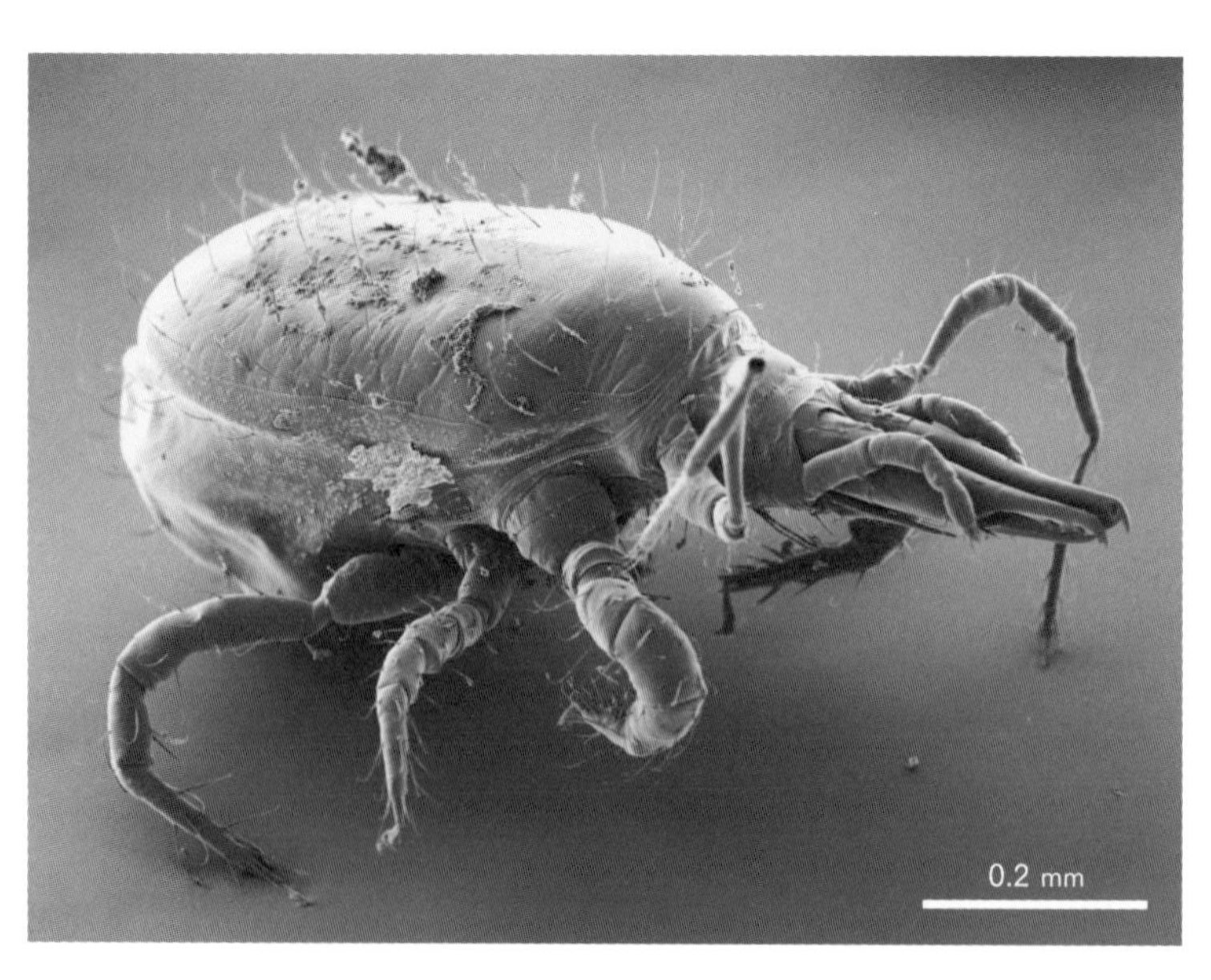

アメイロホコダニ。北海道から九州までの落葉腐葉層で自由生活をしている（走査型電子顕微鏡像）。
●トゲダニ類　*Parholaspulus ochraceus* (Ishikawa,1966)

土壌ダニは、実は目で追いかけて採集することはまれ。目で見つかるけれども、それはごくわずか。そこで、土壌ダニを研究しようとすると、「ツルグレン装置」というものが必要になる。別名「ベルレーゼ・ファネル」ともいう。

土をザルやふるいの上に広げて、それをロート（英語でファネルという）の上に置く。上から白熱電球で照らすと土の中の動物が、乾燥をさけて土の中に潜ろうとするが、そのままザルの編み目を抜けて、ロートに落ち、下に置いてある容器の中に入る仕組みだ。白熱灯の明かりではなくて、乾燥が土壌動物たちを下に追いやるらしい…。

森の中では、とっておきの時間は早く流れる。そろそろ、この森を離れる時間が来た。結局、目的のダニが採れたかどうかは、森の中ではわからない。

採取した土壌はツルグレン装置に投入する。先ほど仕組みを説明したとおり、上から白熱電球で照らすと、熱と乾燥を嫌いダニが土壌から這い出し、下のビンに落ちる。3日後くらいにようやく顕微鏡の下で確認できるのだ。

だから、土壌ダニは生かしたままもって帰らなければならない。死んでしまっては、ツルグレン装置の中を落ちてきてはくれないから。土壌微生物の呼吸量は多いので、紙袋を使う。土壌動物たちが窒息しないように、かなり気を使うのだ。

手づくりしたツルグレン装置。ロート（漏斗）はカレンダーで作成。ふるいは100円均一ショップで購入した。

ハチドリとダニ

美しい鳥のクチバシにも
小さなダニ

図書館にある科学誌「Science」を読もうとしてハッとした。表紙を飾っている明るい緑のハチドリの写真。紫の頭と腹、緑のノド。空中で急激に姿勢を変えるハチドリが鮮烈に捉えられている。

中米のコスタリカ共和国のハチドリは美しい。花の蜜を吸いに来てホバリング（空中で停止）することはよく知られているが、1秒間に50回も羽ばたきをするので、その高速の羽音がハミングに聞こえることから英名は「ハミングバード」。世界最小の鳥の1つらしい。

その大量に消費するエネルギーから10分間に1回食事をしなければならず、花の蜜や昆虫を餌とするそうだ。ホバリングをしながら、ランなどの筒状の長い花の奥の密を、上手に食べる映像を見たことがあるはずだ。

さて、「ハチドリならば…」と、僕のイタズラ心が動いた。手元の「Science」の表紙を飾る美しいハチドリの写真を注意深く、特にクチバシの付け根をよくよく見ると、思ったとおり見つけました、ハリダニ属の一種（*Proctolaelaps sp.*）。こんなにもあっさり見つかるとは思わなかったものの、キレイに2匹の白いダニが長いクチバシの真ん中あたりに映り込んでいた。脚の数も明瞭に数えられる。その写真の鮮明さに改めて感服した。

ハリダニはトゲダニの仲間（●）で、通常は植物の花の蜜を餌にしている。しかし、ハリダニは、花から花に移動するために、このハチドリのクチバシをタクシー代わりに使っているのだ。クチバシの上、ときに鼻腔の中を出た

コスタリカのハチドリと矢印で示したハリダニ属の一種*Proctolaelaps* sp.（写真提供：西田賢司氏）。

©2010-2021 Kenji Nishida / Web National Geographic Japan (©Nikkei National Geographic Inc.)

り入ったりしながら移動し、別の花に乗り移るという。少し詳しく説明すると、ハチドリに便乗するのは*Rhinoseius*（ライノセイウス）属、*Tropicoseius*（トロピコゼイウス）属、そして*Proctolaelaps*（プロクトラエラプス）属の数種が知られている。

そのハリダニとハチドリの関係について、Colwell（1995）では、ハリダニの1種*Proctolaelaps kirmsei* Fain, Hyland & Aitken, 1977を用いて実験が行われた。

この実験では、ハチドリとハリダニの双方を取り除いて、餌資源として、どちらがどの程度花の蜜を消費しているかを調べたのだ。すると、ハチドリが花蜜の45パーセントを消費し、ダニも40パーセントもの蜜を消費していることがわかった。

アクロバット飛行を得意とするハチドリを、縦横無尽に乗りこなすハリダニ。実は、花の蜜を消費することに着目してみると、ハリダニは、お世話になっているハチドリの競争相手でもあったのだ。

左｜ボルネオ島マレーシア領のサラワクで出会ったアカエリトリバネアゲハ *Trogonoptera brookiana* Wallace, 1855。命名したのは、博物学者として知られるアルフレッド・ラッセル・ウォーレス。
右｜こちらはボルネオ島インドネシア領のカリマンタン南部で見つけたツノゼミの仲間。前方の角が翅の後のほうにまで伸びている。

微生物はどうやって分布を広げる？

熱帯にいることを実感させてくれるのが、朝の鳥の声だ。現地に調査で滞在したときは、早朝から催される、トタン屋根の上の鳥たちの求愛ダンスの騒々しい音で目が覚める。熱帯林の中で、土壌ダニの採集に疲れてくると鳥の鳴き声をまねて鳴いてみる。鳥のほうでも返してくれるので、なんとも楽しい。

僕の専門は土壌ダニだが、なぜこんなにもあらゆるところに、土壌ダニがいるのだろう、とふと思う。街の街路樹、森、野原あらゆるところに、土壌ダニは生息して森の分解者としていい土壌をつくり出しているのだ。

ここでいったん、森林の形成に目を向けてみよう。例えば、小さな島で火山が噴火し、溶岩で森がなくなってしまっても、そのうちいつのまにか森ができる。おそらく、鳥が別の島で果実を食べ、種子がその糞によって運ばれることも多いのではないだろう

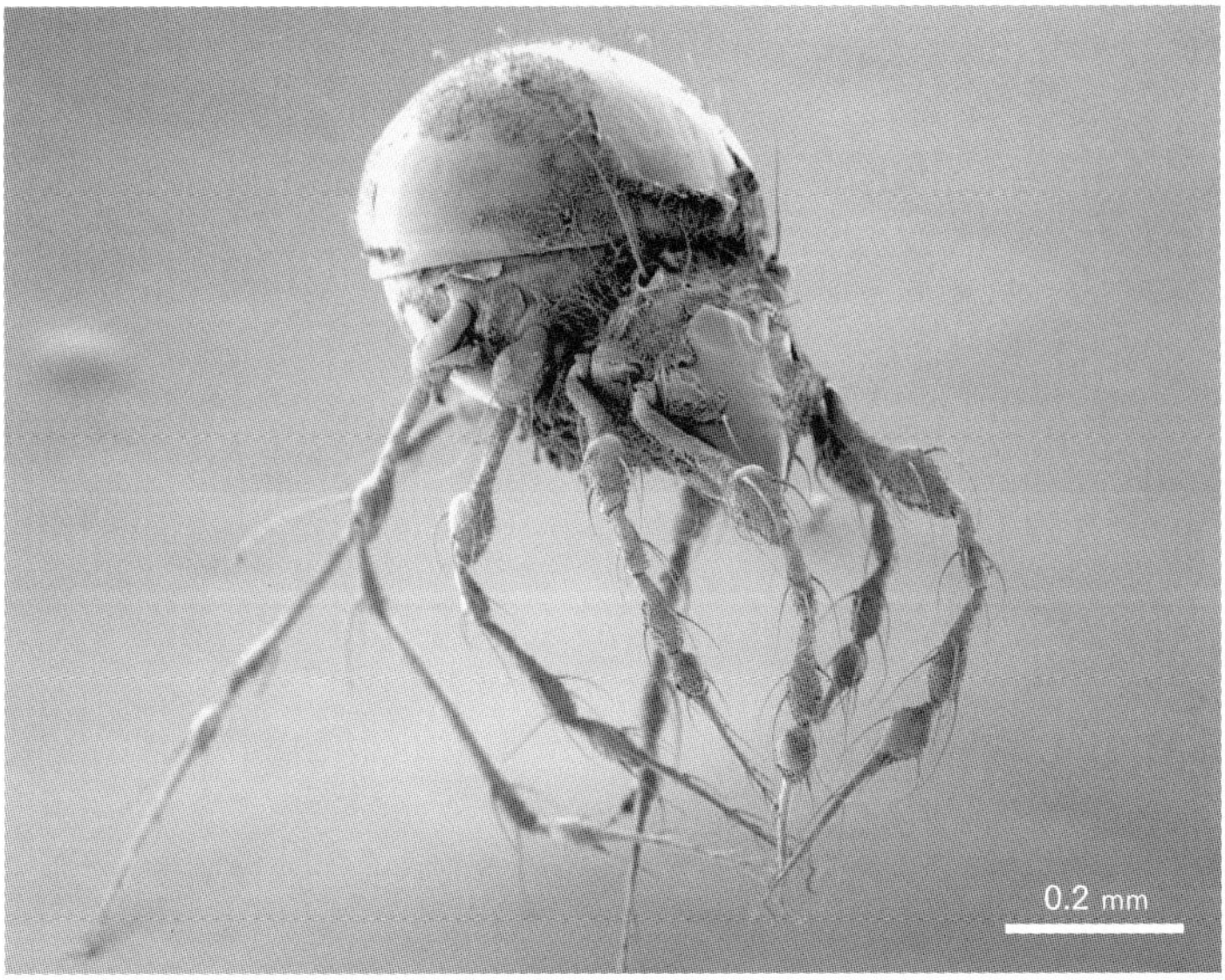

ジュズダニ科の一種。脚が長いのは外敵から身を守るため。ササラダニの仲間は防御のために姿は実にさまざま（走査型電子顕微鏡像）。
●ササラダニ類　Damaeidae sp.

か。森ができて木が育つと、やがて葉が落ちて落ち葉になる。すると、いつしか微生物や土壌ダニを含むムシたちもそこで生活するようになり、落ち葉を食べて、いい土壌をつくりだすことになり、次第に森へと変わっていくのだろう。

では、この微生物やムシたちは、いったいどこから来たのだろうか？　一般的には風で吹き飛ばされてきたのではないかと考えられている。イギリスのブランド・フィンレイ博士によれば、体長が１ミリメートル以上の生物には地理的分布をもつものが多いのに比べ、体長が１ミリメートル以下になると急激に汎存種（どこにでも生息する種）が増加するという。何となくこの考え方は理解できる。

ダニは風に飛ばされているのか？

土壌ダニの中でも、ササラダニ類（●）には０・２～１・２ミリメートルのさまざまな体長の種があるものの、歩く速度は、それぞれのダニの脚の長さ

と関係があり長いほど早い。ジュズダニ科の一種は毎分9・6センチメートル、コノハイブシダニは毎分1・08センチメートルであった。

それにしても、そんなダニたちが、地球上を歩いて縦断できるわけはなく、まして、火山が噴火した小島に歩いて到達することはできない。

ダニが風でどの程度吹き飛ばされているのか、南極や北極で調査をした報告があり、かなりの種類のダニが風で吹き飛ばされていることがわかった。あわせて10か所ほどで調査研究が行われ、陸地から数100〜1000キロメートルほど離れた太平洋と大西洋上で、トゲダニ類（●）、ケダニ類（●）、コナダニ類（●）、ササラダニ類（●）が見つかっている。ただし個体数は多くなく、イギリスのフィリップ・ピュー博士によれば、得られた全生物、約1万8000個体のうち、ダニは300個体で全体の1・6パーセントほど。このように空中に漂っているものを「エアロプランクトン」という。

しかしながら、ピュー博士の論文をよく読んでみると、最後にこう付け加えてある。ダニやそのほかの昆虫類は確かに風で吹き飛ばされているが、そのうち生きているものは非常に少ないと考えられると…。では、いったい生きているダニはどのようにして移動しているのだろう。

北極圏で見つかった動かぬ証拠

ロシアのナタリア・レベデバ博士は僕の友人でもあるが、彼女は北極圏で鳥の羽根の表面を絵筆でこすって、多くの種類の土壌ダニを見つけている。砂浴びなどで偶然に付着するのだろう。

鳥にはたくさんのダニがついていることは広く知られている。マダニ類（●）、ウモウダニ類（コナダニ類●）、トリサシダニ類（トゲダニ類●）などである。マダニとトリサシダニは血を吸う寄生性、ウモウダニは羽の古くなった油脂を食べるので寄生ではなく共生であるともいわれている。しかし、鳥につく土壌ダニは無視されてきた。まして、ほんのつかの間、雪や氷が溶けて、春と夏と秋が一気に訪れるような北極圏で、鳥が土壌ダニの分散に一役買っているとは誰も思っていなかったのだ。それまで「土壌ダニは風に吹き飛ばされて移動するだけ」だと考えていたダニ学者は、この北極圏の鳥で確認された証拠に大変に驚いた。

おそらく、まったくの荒涼とした場所から森ができ、そこに飛ぶことのできない土壌ダニたちが生態系をつくっていくためには、鳥の力は偉大なのだ。実のところ、鳥が森に棲んでいるのではなく、鳥が森をつくっていると考えると、その声もいっそう愛おしく聞こえてくる。

ダニと僕

彼らとの戯れが照らす
忘れられた真実

南の島に調査に行くことが多い。運よく、台風で飛行機が欠航したり、船が欠航したりすることもあまりなく、台風のほうで少し待ってくれたり、少し先に行ってくれたりする。南の島とは相性がいいようだ。

ところが、何年か前の南西諸島へ調査に行ったときはどうにもならなかった。雨も風もまだ強くないのに、海が荒れて船が欠航し、細かく予定を立ててある計画がすべて延期になり、渡りたい島に行けないどころか、滞在地に足止めを余儀なくされた。

足止めされていた島でのこと。ふらっと入った食堂は僕ひとり。食堂のおばあちゃんから、何をしに島に来たのかと聞かれた。いつもなら、ダニの研究と話すものの、あとは笑ってもらえそうな話題をふって、きりのいいところで引き上げる。でも、その日はなぜか違った。台風の前の暖かい曇り空の下、食堂を後にした僕は宿に戻り、なぜダニを研究するのかをゆっくり考えることにしたのだ。

人とはまったく関係のない生き物たち

英語でAcarology（アカロロジー）、日本語に訳すとダニ学。そのダニ学の中では、衛生ダニ、農業ダニの研究は、世の中のために役に立つように研究が進んでいくものだろう。しかし、僕の研究対象にしているダニは、自由気ままに、人間とはまった

西表島から石垣島に戻るフェリー船内にて。波が高いときは水しぶきが屋根からも入ってきた。

沖縄本島やんばる地域の海岸。著者たちは、この岩などから藻類を食べて生活する新種のウミノロダニを発見し、美ら海（ちゅらうみ=美しい海）に由来する学名*Fortuynia churaumi*を付けた。

く関係なく生きているダニである。一般的には自由生活性のダニという。なぜ僕は、人間生活とはほぼ関係のない、自由生活性のそれも、よりによってダニのような生き物を研究するのだろうか？

講演などで、ダニ類の研究者だというと、参加者の方からユクスキュルの『生物から見た世界』（岩波文庫）を読みましたと声をかけられることがある。ユクスキュルは、「環世界」を提唱した。環世界とは、すべての動物はそれぞれの生物群に特有の知覚世界をもって、その中で生きていることを意味する。その例えとしてダニがでてくるのだ。マダニ類（●）のことだが同書では単にダニとされている。

ユクスキュルによると、マダニは、光、酪酸、体温という3つの感覚だけがあり、それに頼って生きている。光を知覚することによって枝によじ登り、動物から放出される酪酸を知覚すると落下する。落下後、上手に動物の体表に着地できれば、体温を知覚しながら毛の少ない場所を探して、最終的に血を吸うという。このような知覚と行動の繰り返しによって、ダニは生き抜く。つまり、ダニは3種類の情報のみによって「世界を構築し、その世界に浸って生きている」のだという。

「何を今さら」とため息が出そうになる。生物の分類群あるいは種ごとにもっている知覚器官が違っていて、見える世界は生物ごとに異なっている。そんなことくらいは、いまどき子供だって知っているではないか？　当時はそういうことが新しい時代だったのだろう。僕自身、訳者の日高敏隆先生の本を思春期に読んできたのがムシの研究を職業にするきっかけになった。ユクスキュルの時代は、生物ごとの知覚器官が違うことに、まだ一般の人は気づいていなかったのか。

今では、生物の種間の違い、あるいはダニなどを持ち出さなくても、人間、個々の感覚は異なっており、ユクスキュルのいう環世界は、個体としての人間それぞれに違っていることは一般的に理解されているのではないかと思う。

例えば、僕の右目と左目の色の見え方がごくわずかに異なるのと同じように、個人はそれぞれが、異なる知覚器官をもっている。そうなるとわれわれ、個人の一人ひとりが感じること、考えるものが現実であり、それが個人の唯一の実体なのだろう。

できるだけ自由気ままに　ダニと遊ぶ

ダニにまつわる学会で、春先にベンチの上や、コンクリート建物の屋上に出てくる赤いダニ（ケダニ類●）の話をしたときのこと。ダニ研究では有名なお医者さんが、そんなダニが春先にいるなど、まったく知らなかったとおっしゃった。少なくともダニの研究発表をする学会である。ベンチの上の赤いダニを知らないとは、よほど若い頃から勉強に忙しく、お医者さんになられてもお忙しいのだろう。そのお医者さんにとっては、赤いダニは意味のないものなのだ。意味のないものは、現実には存在しないのと同じである。その人の世界には赤いダニは実存していない。

翻って、僕たちは意味のあるものばかりに囲まれた生活を送っていることはないだろうか。無駄なものや、ふと立ち止まってみるような意識や時間が必要なのではないだろうか、と思う。その方向に追い詰められると、老人ホームや障害者施設で起きるような事件にならないだろうか。意味のない事柄を排除する社会。生きていても意味のない人間と考えてしまい、それを排除する社会にならないだろうか。

なぜ、よりによって人には害のないダニを研究するのか、そこに意味があるのか？　人間社会にはまったく意味のない生き物を自由気ままに研究してみたいと思って、ダニ学者という仕事を続けている。仕事となると、とかく無意味なことが意識から抜け落ちる。そんなことがないように逆に毎日、できるだ

奄美群島の喜界島の海岸。打ち上げられた有機物の中に分解者としての「いいダニ(ササラダニ類●)」がいて、その有機物を無機物に戻すことで生態系に貢献している。

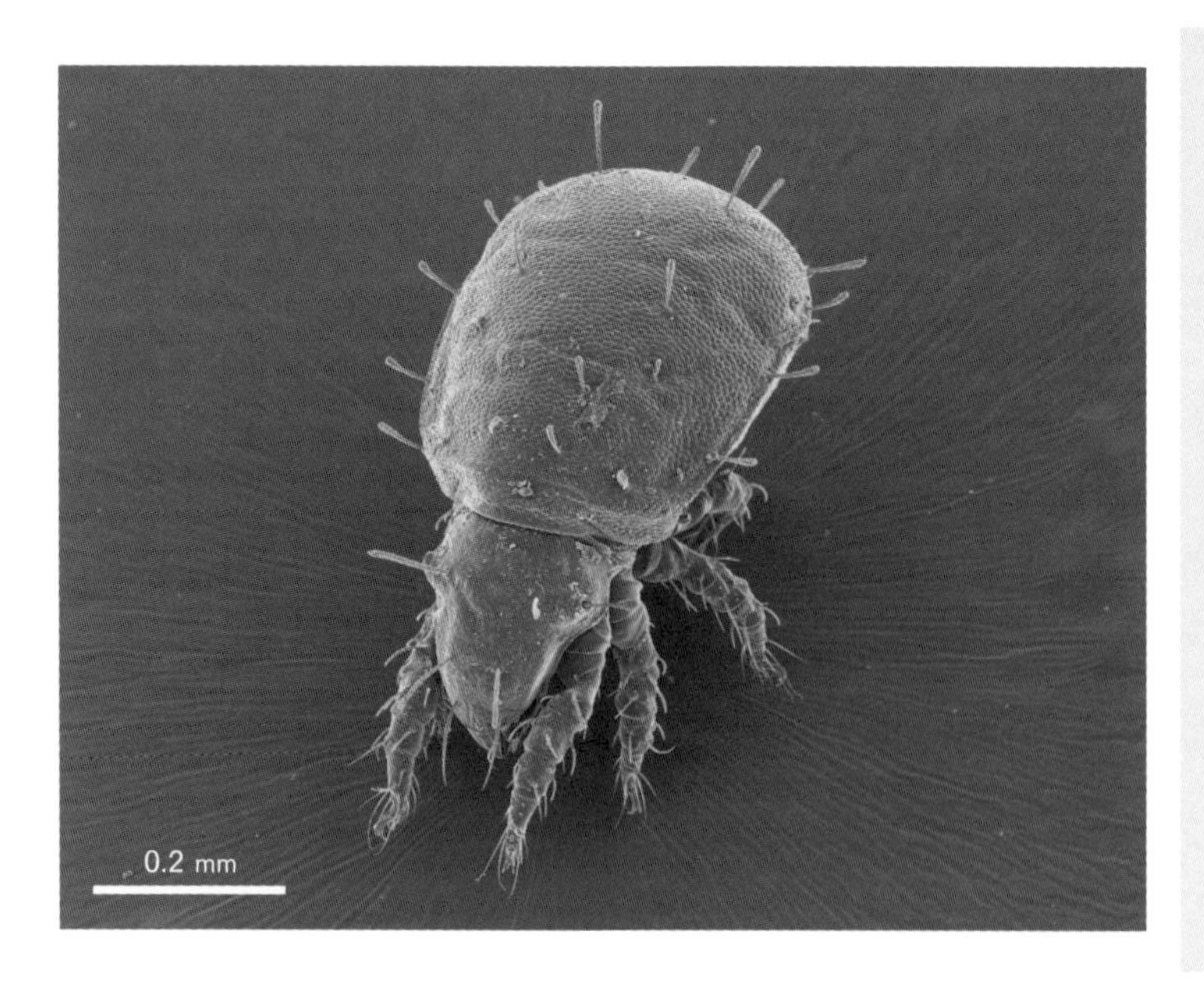

トガリモンツキダニの一種。海岸の有機物や歩道橋のコケに生息する(走査型電子顕微鏡像)。
●ササラダニ類 *Trhypochthonius triangulum*
Nakamura, Y.- N. Nakamura & Fujikawa, 2013

け自由気ままに過ごしている。だから、僕はある講演の題名を「ダニと遊ぶ」とした。意味のないことが、ふとしたことによって、意味をもつ瞬間がある。今まで気づかなかったことに、きらめきをもって突然気づくという喜び。これが、生物学者の推進力の1つなのかもしれないと思った。

どうせなら、自由気ままに生きていたい。意味のないことの中には宝物がたくさん転がっている。それを、1つずつ拾い集めて、意味のある大きな事柄に結びつけるために僕は旅を続けたい。

ここまで考えたところで、ふと僕の可愛いダニに呼ばれたような気がした。少し風が強くなってきた海辺へ、ダニを探しに出かけることにした。海岸で自由気ままに生きているダニは可愛いものだ。もうしばらく足止めされたこの島を楽しむことにしよう。

ミクロメガスのダニたち

知のあかりを灯す
小さきものたち

ダニ学者の僕をいたたまれない気持ちにさせることもある、ダニ類の学名（分類群名）は「Acari（アカリ）」だ。大方の予想に反して、どこか明るい雰囲気があり印象もいい。試しにインターネットで「アカリ」を調べてみると、子供の名前の候補に挙げた「あかり」に「ダニ」の意味があるからという理由で家族が猛反対した話がもっとも上位にヒットした。

生物学とは縁もゆかりもない家族全員が学名レベルで反対したことに、提案したご本人は「あかり＝ダニ」はもしかして常識なのか？　と思われたそうだ。そのような実感はないが、専門家としては少し嬉しいといったら叱られるだろうか。せっかくなので、イギリスの動物学者ウイリアム・リーチ博士が1817年に命名したダニの学名「Acari」の語源を探ってみたい。

頭がないから その名が付いた？

ギリシャ語で、「頭」のことを「kara（カラ）」とか「kephale（ケファール）」という。ダニ学の権威ある教科書“A Manual of Acarology, 3rd edition”には、「acari（ギリシャ語表記でakari）は、アリストテレスが、Kroton（クロトン）またはKynoraistis（キノライスティス）をマダニ類（●）に、A-kari（頭のないの意味）をほかのダニ類に使用した」と書かれている。「a＋kari」で「頭（kari）」の「ない（a）」という意味であるという。

さて、昆虫の身体は、頭と胸と腹の3つに分けられることはご存じだろう。

ウサギズツキダニ。飼育されているウサギなどから見つかることがある。ズツキダニの語源は「頭がないはずのダニに、頭があるように見えるから（頭付き）」という説と、「頭を下向きに頭突きしているように見ええる」という説がある（写真提供：森田達志博士）。
●コナダニ類 *Listrophorus gibbus* Pagenstecher, 1861

さらに触覚をもち、胸から4枚の羽があるのが昆虫類の基本である。これに対してダニは、頭と胸と腹に分けられず、身体全体が1つになって構成されていて、脚が触覚の変わりをする。このため、「頭がないからアカリ」説に誰も疑問をもたなかった。

しかし、ギリシャ語の「akari（アカリ）」には、「とても小さい」という意味があるのだとギリシャ語出身のダニ学者から聞く機会があった。ギリシャ語にその語源があるようで、「頭がない」というのはどうも間違いらしいのだ。

アリストテレスの『動物誌』では、ダニについて「古くなった蜂の巣、あるいは木の中にも、akariと呼ばれるもっとも小さい生き物がいる」と書かれている。ギリシャ語の語源からしても、「頭を切り分けることができないほど小さい生き物」という意味が正しいようだ。

どうやら、紀元前384〜322年までを生きたアリストテレスから、この後に紹介する近代フランス文学まで、ダニはもっとも小さい生き物の代表を

フランス国立自然史博物館（パリ）。歴史は古くラマルクはじめ多くの著名な研究者が在籍していた。

務めてきたことになる。

さて、分類学の父であるリンネによって、1735年に出版された『自然の体系』以降、ダニ類は昆虫の仲間とされていた。それから長いときを経て、ダニ類やクモ類、サソリ類を含むクモガタ類は、フランスの博物学者ラマルクによって、1800年にはじめて昆虫から分けられた。したがって、ラマルクが行った多くの講義の中で、クモガタ類に触れた1800年は、間接的に「ダニ類」がこの世に誕生したという意味で、ダニ学者にとって記念すべき年なのだ。ラマルクは「生物学」という言葉をはじめて使った研究者のひとりで、脊椎動物と無脊椎動物をはじめて区別したことでも知られている。

ダニはフランス語で3つの呼び名をもつ

ダニは、一般的な英語の表現では2つに分けられる。人や動物の血を吸うマダニ類（●）は「tick（ティック）」、それ以外のコナダニ（コナダニ類●）やハダニ（ケダニ

国立自然史博物館の敷地にあるジャン＝バティスト・ラマルク像（1744～1829年）。植物研究で国立自然史博物館の職を得た後、無脊椎動物の分類体系を構築した。像の土台に「Au fondateur de la doctrine de l'evolution（進化論の創始者へ）」と刻まれている。ダーウインもラマルクのことを進化論の初めての提唱者と述べたことが知られている。

パリの滞在中に訪れたパッサージュ「ギャルリ・ヴィヴィエンヌ」。商店街は美しいタイル張りで、天井はガラス張りで明るい。イギリスに伝わってアーケードになったという。

類●）などのダニ類を「mite（マイト）」と呼ぶ。なお、マダニ類とそれ以外のダニ類を表す単語は、ドイツ語では「Zeck（ツェック）（複数形 Zecken（ツェッケン））」と「Milbe（ミルベ）（複数形 Milben（ミルベン））」、中国語では「蜱（ピー）」と「螨（マン）」が使われている。韓国でも前者は「Jindeugi（シンドギ）」で、後者は「Eungae（ウンゲ）」と使い分けているそうだ。日本では、両者を一緒にして「ダニ（螨、蜱、壁蝨）」と呼ぶのでダニ全体が嫌われる原因になっている。

このように多くの国ではダニは、血を吸うマダニ類とそれ以外のダニの2つに分けられてきた。しかしながら、フランス語にはもう1つ「ciron（シロン）（男性名詞）」という単語があり、これはチーズにつくダニ類をさす。その中でもチーズを熟成するために用いられているのはチーズという意味の、「casei（カゼイ）」の名を冠した、チーズコナダニ *Tyrolichus casei* Oudemans, 1910だ（コナダニ類●、90頁）。

SF『ミクロメガス』に登場するダニ

フランスの ciron（チーズにつくコナダニ）は、1668年のイソップ寓話を基にしたラ・フォンテーヌの『寓話』や、1669年のパスカルの『パンセ』に登場する。天空が表す極大の意味の無限と、ciron が表す極小の意味の無限、この2つの無限のあいだで人間が自らをどこに見出すのか、サルトルの文章にまで続く問いかけとなるのであった。

1752年に発表された、フランスの文学者ボルテールの『ミクロメガス 哲学的物語』にもダニが登場する。ガリバー旅行記に影響を受けたとされるこの小説は、宇宙からの旅行者シリウス星人と土星人が地球を訪れた話だ。

宇宙から来たといっても、当時の挿絵は、人間の姿の巨人を描いている。身長8リュー（約32キロメートル）

のシリウス星の巨人と、身長1000トワーズ（約2キロメートル）の土星から来た巨人は、土星の輪を飛び越えて最終的に地球に降り立つ。

巨人たちは最初、クジラを見て地球上でもっとも小さな生物だと勘違いする。次に、地球人の乗った船を見つけて親指の爪にのせ、そこから現れた人間（ダニと呼ばれている！）と会話が成立する。しかも、その人間は測量によって、土星人の身長をぴたりと言い当てるのだ。こうした会話により、人間のことを知った異星人たちは、ついには人間の知恵はまるで魔法使いではないかと驚き感心する…。

シリウス星から来た巨人が32キロメートル、人間が1・6メートルとすると、巨人の目には、僕たち人間は0・08ミリメートルの小さなアメーバかケイ藻くらいに見えていることになる。実際のダニは0・5ミリメートルほどなので1桁大きい。逆に、0・5ミリメートルのダニを人間サイズに換算すると、ダニにとって人間は5120メートルの大きさとなる。人間は、ダニにしてみたら富士山よりも大きく見えているのだ。この小説では、そのダニと人間が話していることになっている。

物語は展開して、こんどは極小サイズのスコラ学派の地球人が、「世界も太陽も星も人類のためにつくられた」と主張して、異星人たちが大爆笑する場面がある。笑うあまり地球人の乗った船を爪の上から落として、船は土星人のズボンのポケットの中に紛れてしまう。長い時間をかけて、ようやく全員をポケットの中から見つけ出し、シリウス星の巨人は小さなダニ（人間）との話を続けるのだった。

小説や『パンセ』が書かれた時代は顕微鏡の発明後であり、ロバート・フックが1665年に記した『ミクログラフィア（顕微鏡図譜）』に、人類史上はじめての土壌ダニ（ササラダニ類●）が登場する。コイタダニ科の一種 *Phauloppia lucorum*（C.L.Koch, 1841）のスケッチと記述が出てくるのだ。ロバート・フックは「ダニといえば通常はチーズダニなのだが、このダニはそれよりもかなり黒い」と記している。それこそまさに、僕の研究対象のササラダニ類（●）の特徴だ。実際にチーズにつくコナダニ類（●）と比べて茶色あるいは黒いものが多い。

顕微鏡が発明される前、フランス文学では極小を表していたチーズダニから見ると、人間は富士山よりも高く見えるということに、今回計算してみてあらためて驚いた。

世界も太陽も星も神が自分たちのためにつくったのだと、異星人に主張したスコラ学派の地球人のように、ダニが同じことをいったなら、僕たちはどうするだろう。

でもよく考えると、そもそもこれらのダニには通常、目がないのでダニにとっては人間を視覚で認識することができないのは、実に残念なことだ。

ダニと薔薇の日々

ヨーロッパ採集旅行と

偉人たちを想う

バーの待合室に流れている、ゆっくりとしたピアノソロのBGM。その曲が終わり、次に流れてきたのは「酒と薔薇の日々」だった。オスカー・ピータソン・トリオを思い出す。原題は「Days of Wine and Roses」。まだ学生で、ワインを飲みはじめた頃、酒と薔薇の日々という響きに憧れて、同じ題名の映画のビデオを借りて観た。同曲はこの映画で使われたものだ。映画の内容は期待に反して、アルコール中毒になっていく夫婦の物語。がっかりした。1962年にアカデミー歌曲賞を受賞した曲はその後もたまに口ずさんではいたけれど、なんだか以前ほど好きになれなくなったことを思い出した。それでも、昨夜は、言語学者とシングルモルトの入ったグラスを傾ける上機嫌な自分がいた。

イングランドの片田舎　ギルフォードでダニ採集

はじめて外国に行ったのは、イングランド（イギリス）だった。ロンドン近郊のギルフォードの片田舎に1か月ほど滞在したのだった。ダニの研究をはじめた頃で、携帯用のダンボール製のツルグレン装置（土壌ダニを土から抽出する装置）を持ち込んで寄宿舎（ドミトリー）の自室のベッドの周囲に広げた。現地ではたくさんのダニを採集することはできなかったが、このときに採集した頬線が2本あるイレコダニの仲間 *Acrotritia duplicata*（Grandjean, 1953）（日本に生息しないの

バスから見えたトラファルガースクエア（トラファルガー広場）。ネルソン提督が上に立つ記念碑が見える。ロンドンのウェストミンスターにある。1805年のトラファルガーの海戦でのイギリスの勝利を記念して造られた。

で和名がない）は、後の研究に大いに役立った。
　ギルフォードでの採集旅行のあいだ、ロンドンに電車で出かけたこともあった。ロンドンに着くと、足早にトラファルガー広場に向い、そこはあまりにも人通りが多かったので、すぐ近くにあるピカデリーサーカスの石畳の隙間から、土のような、ゴミのようにも見えるものを集めた。もしかしたら、人の多いロンドンの中心部の石畳の隙間から、森の土壌に生息するササラダニが見つかるのではないだろうか？　と考えたのだ。

　そもそも、ササラダニ類（●）の学名は「Oribatida（オリバティーダ）」という。「oriba-」は、「森の」あるいは「森に棲む」という意味である。毎日、多くの観光客が行き来する場所にササラダニが棲んでいるのだろうか？

　ササラダニの餌は、植物がつくり出した落ち葉や枯死した植物体などの有機物である。石畳の隙間にはコケや小さな雑草が生えている。それ以外にも、有機物という名のゴミが詰まっている。つまり、ササラダニの餌はたくさん存在しているのだ。

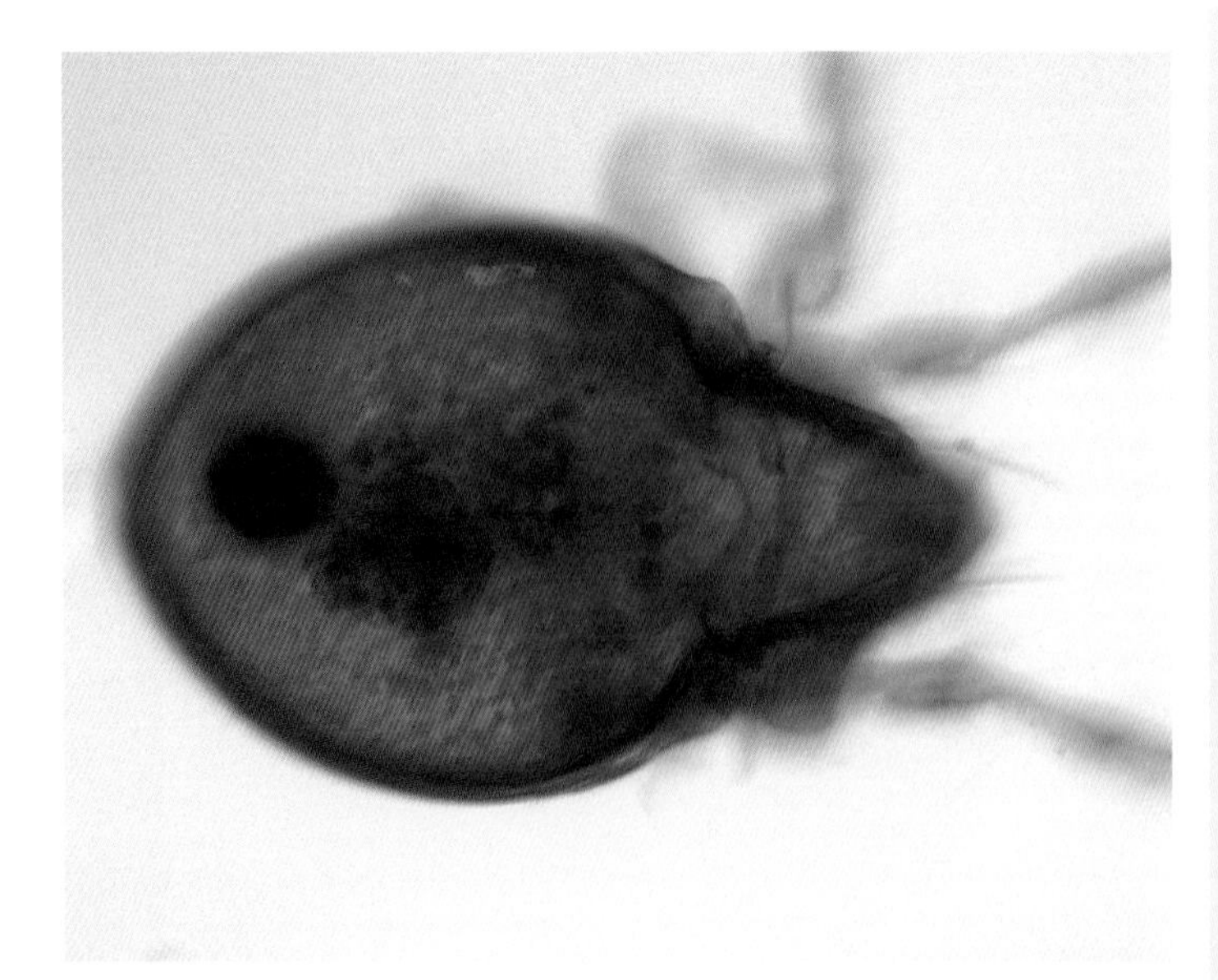

コイタダニ属の一種。体長0・4ミリメートル。トラファルガースクエアから歩いてすぐのピカデリーサーカスの石畳の隙間から採集されたササラダニの仲間。この個体が実際に採集されたもので、日本から未記録（光学顕微鏡写真）。
●ササラダニ類　*Oribatula tibialis* (Nicolet, 1855)

石畳の隙間から採取した有機物（つまりゴミ）を寄宿舎に持ち込んだツルグレン装置で抽出した結果、ピカデリーサーカスの石畳の隙間にササラダニが生息していることがわかった。森の中と同様に、街中の地面にある有機物を分解するという「森の掃除屋さん」の仕事を、ピカデリーサーカスでもササラダニは粛々と務めていたのだ。

ロンドンからギルフォードへ戻ると、特にやることがなかった。田舎は美しく、農家の家々はたくさんのペチュニアの白や赤の花壇で囲まれており、軒先に停められている自転車の籠がペチュニアの真っ赤な花の鉢で満たされていた。毎日そのなかを散歩したり、虫採り網をもって草原を歩きまわり昆虫採集をしたりして過ごした。草原をひらひら舞うたくさんのクジャクチョウを、つくづくきれいだと思った。

農家の軒先に停められている自転車。ディスプレーとして籠がペチュニアの真っ赤な花の鉢で満たされていた。

ダニを探して調べることが暮らしであり、人生

ダニ学者は、なぜダニを研究しているのか？　多くの人はそう思うだろう。例えば、中学校や高校の先生をしながらダニの新種発見を論文にする人は多い。高価な科学機材は不要で、自宅で顕微

鏡さえあれば新しい種に名前を付けることができるからだ。それでも、忙しい学校勤務の合間にダニの研究をされて、新種を記載されている方々には頭が下がる。

学校の先生以外では、刑務官で、日中は刑務所の中の人の顔を見て、夜はダニの研究をする方がいる。肛門科のお医者さんで、昼は肛門を診て、夜はダニの研究をする人がいる。本業以外でダニの研究を続けている人もまた、ダニのように多種多様。

たぶん、彼らは職業にかかわらず、小さいものに興味をもつという人種なのだろう。身近な生き物を顕微鏡で拡大したら想像もできないようなかたちをしていて驚き、そのまま興味を持ったという人もいるだろう。

もう1つの理由は、ちょっと「へそ曲がり」「あまのじゃく」というもって生まれた性格もあるだろう。「イヤー!」といわれそうなダニの研究に敢えて、こっそりと取り組むへそ曲がりたち。

僕を含むこうした人たちは、ふだん肩身の狭い思いをしているので、日本ダニ学会があると聞けば年に1回集まるし、オリンピックと同じ年に開かれる国際ダニ学会議には、世界中からダニ学者が集まって、わいわいやっている。

ところで、そんな「へそ曲がり」な気持ちだけでダニ学者がダニを研究しているわけではもちろんない。日本の黎明期の科学研究が、ダニでも行われていたことについては正当な評価がされていない。これは当時、賞を与えようにもあまりにも研究グループ間の競争が激しく、優劣の判断が困難を極めたからだといわれている。

ツツガムシ病に挑んだ　近代ダニ学の父

19世紀末の日本は、風土病としてのツツガムシ病の克服のために、病原菌としてのリケッチアの発見を行った、北里柴三郎といった著名な細菌学者たちのいくつかのグループがしのぎを削った時代だった。日本の研究が世界に先駆けて東アジアで猛威を振るっていたツツガムシ病の病原菌を明らかにしたのである。この研究のカゲには、当時、まだ治療薬もなく、また安全性が配慮されていたとはいえ、設備も十分ではなかった時代。実験室での研究中にツツガムシ病に感染し、半ば狂乱になり命を落としていった研究者たちの犠牲がある。

戦後、１９４０年代から50年代。奄美群島や沖縄列島などの南西諸島がアメリカに統治された時代、まだ、凄まじい風土病や伝染病が当地には残っていた。戦争中に、南の島々で軍医となって活躍してきた佐々学先生や、沢井芳男など当時の東京大学伝染病研究所の専門家が、いち早く日本に返還された奄美大島などに調査に入り、フィラリア病や、毒蛇ハブなどで命を落としていく人々を救うために必死になった。佐々学先生は、近代ダニ学の父ともいえる人物である。

佐々学グループが、人間が出す二酸化炭素によってツツガムシが人間を認識し人間にとりつくことを発見した。またツツガムシの生活史を明らかにし、野ネズミが生息するところにそれにとりつくツツガムシが同時に生息して、人間に発病が見られることなども明らかにした。いってみればツツガムシ病のダニ側の側面を明らかにしたのだ。さらに、佐々学先生は１９６５年に日本最初のダニ学の教科書『ダニ類』を上梓され、日本のダニ研究がそこから一気に加速したのだった。

アカツツガムシの成虫の顔(?·)。あなたが十分に小さければモフモフ感を楽しめるだろう(走査型電子顕微鏡像、標本提供：角坂照貴博士)。
●ケダニ類　*Leptotrombidium akamushi* (Brumpt, 1910)

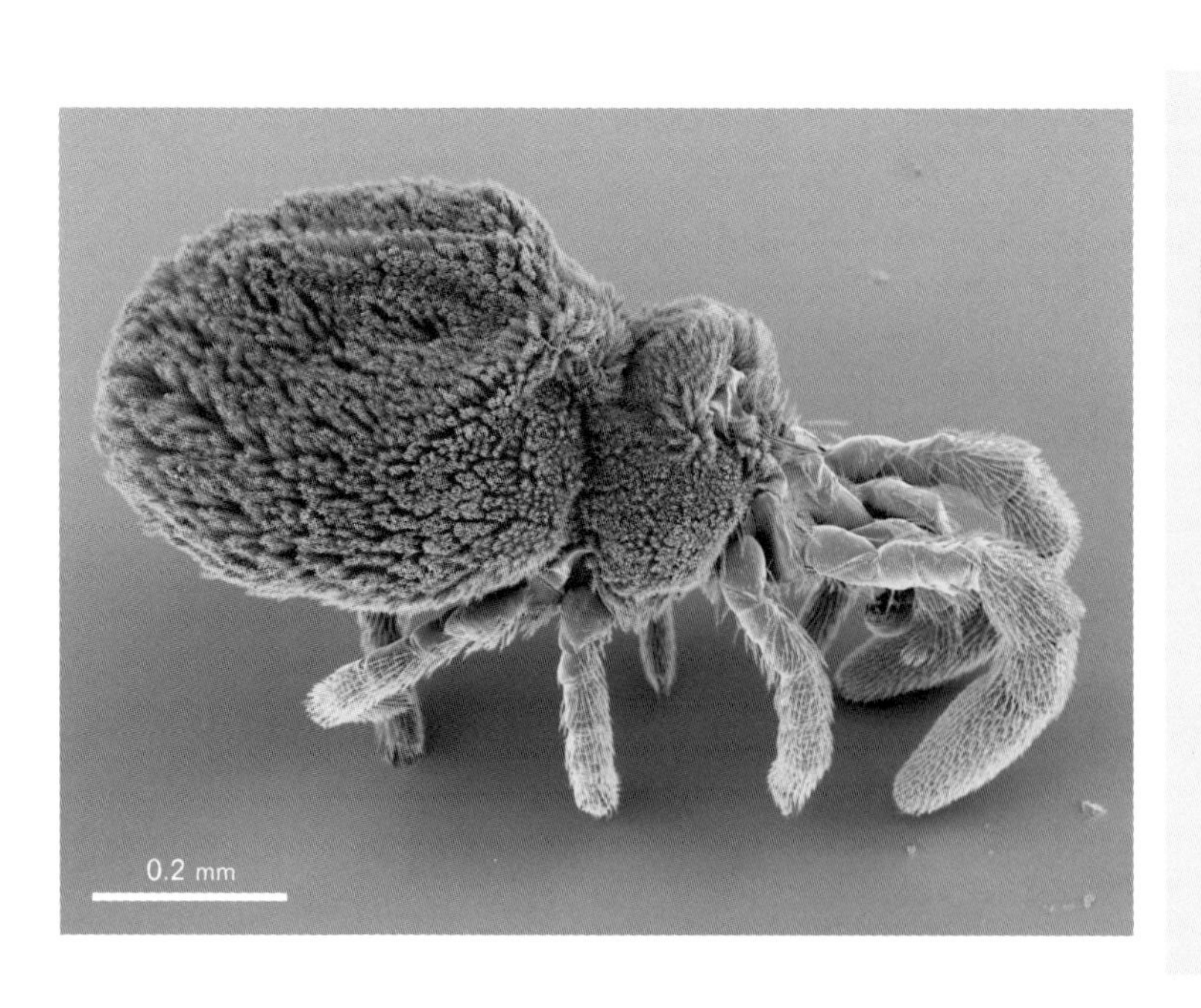

アカツツガムシの成虫の全身。寄生するのは幼虫のみで、成虫は寄生しない(走査型電子顕微鏡像、標本提供：角坂照貴博士)。
●ケダニ類　種名同上

山梨ワインを救った偉人の名前を冠したダニ

ダニにまつわる偉人はほかにもいる。山梨のブドウ栽培は2万ヘクタールを超えて日本で群をぬいて多い。しかし、１９００年初頭、体長1ミリメートルにも満たないフィロキセラ（ブドウネアブラムシ）が外来種として、日本に移入してから山梨のブドウは壊滅的な被害を受けた。当時、山梨県農事試験場にいた神澤恒夫氏は、このフィロキセラの生活史を解明し、また、山梨の「甲州」や「デラウエア」などに適した接ぎ木による防除法を確立した。山梨のブドウとワインは、まさに、神澤氏によって救われたのである。ブドウの害虫であるハダニの一種（ケダニ類●）は、神澤氏の名前をとって「カンザワハダニ」と名付けられ、日本のハダニ研究では実験材料として今でもよく用いられている。

僕のような自由生活性のダニを研究しているダニ学者は、このような凄まじい人間の生命の危機や、農業生産の危機を克服するために研究している訳ではない。むしろ、人間のためというよりは、自然を護るために研究をしている。赤道直下のジャングルから極寒のツンドラまで、命の危機を感じながらも生物調査に出かけてゆく原動力の1つは、南西諸島の美しい自然に魅了されたことで、そのすばらしい自然を護りたいという心からの思いだ。

ただ、病原菌や伝染病の調査とは異なり、生物の多様性を解明することが直接、森や自然を護ることにはつながらない。遠く間接的な道のりを、少しずつ前に進むこと、それは多くのダニたちの生活の場を救うために、自ら調査に出かけることなのだ。

結局のところ、ダニを研究するへそ曲がりたちは、このようにしてダニ中毒の日々、つまり「ダニと薔薇の日々」を送ることになるのである。

ダニが刺したら穴2つは本当か?

よく聞く話を
よくよく確かめてみた

テレビ番組「世界一受けたい授業」(日テレ)に出演することになり、スタジオでの収録に臨んだときのこと。これから暖かくなる時期のダニをテーマに話が進む中で、出演者からのある質問への答えに窮してしまった。「家の中で虫に刺されてかゆくなったときに、2つ穴の刺し口があるとき原因はダニですよね?」。当たり前のように同意を求められたが、さて困った。同意できない理由があるのだ。

家の中で虫に刺されるとき、蚊に刺されると吸い口の跡は1つ。蚊の口器は一本だから。ところが、ときどき蚊のようなかゆみを伴う虫刺されで、刺し口が2つの場合があることを僕も経験している。そして、いつの頃からか「残された刺し口が2つ穴のものはダニの仕業」と思い込んでいた。ただ、単なる思い込みだったので、スタジオでもらった質問への答えに窮してしまったのだ。さらに、俳優の菅田将暉さんから「ダニが身体に入る穴と抜ける穴で、合わせて穴2つなんですよね?」と、追い打ちをかけるように同意を求められた。まさかそれはないだろう…。でも本当のところは?

後日、2つの穴を刺したものの正体を推理することにした。

ツメダニの触肢は2つ

家の中で人を刺すダニは、近年ではツメダニ類(ケダニ類●)だと考えられる。

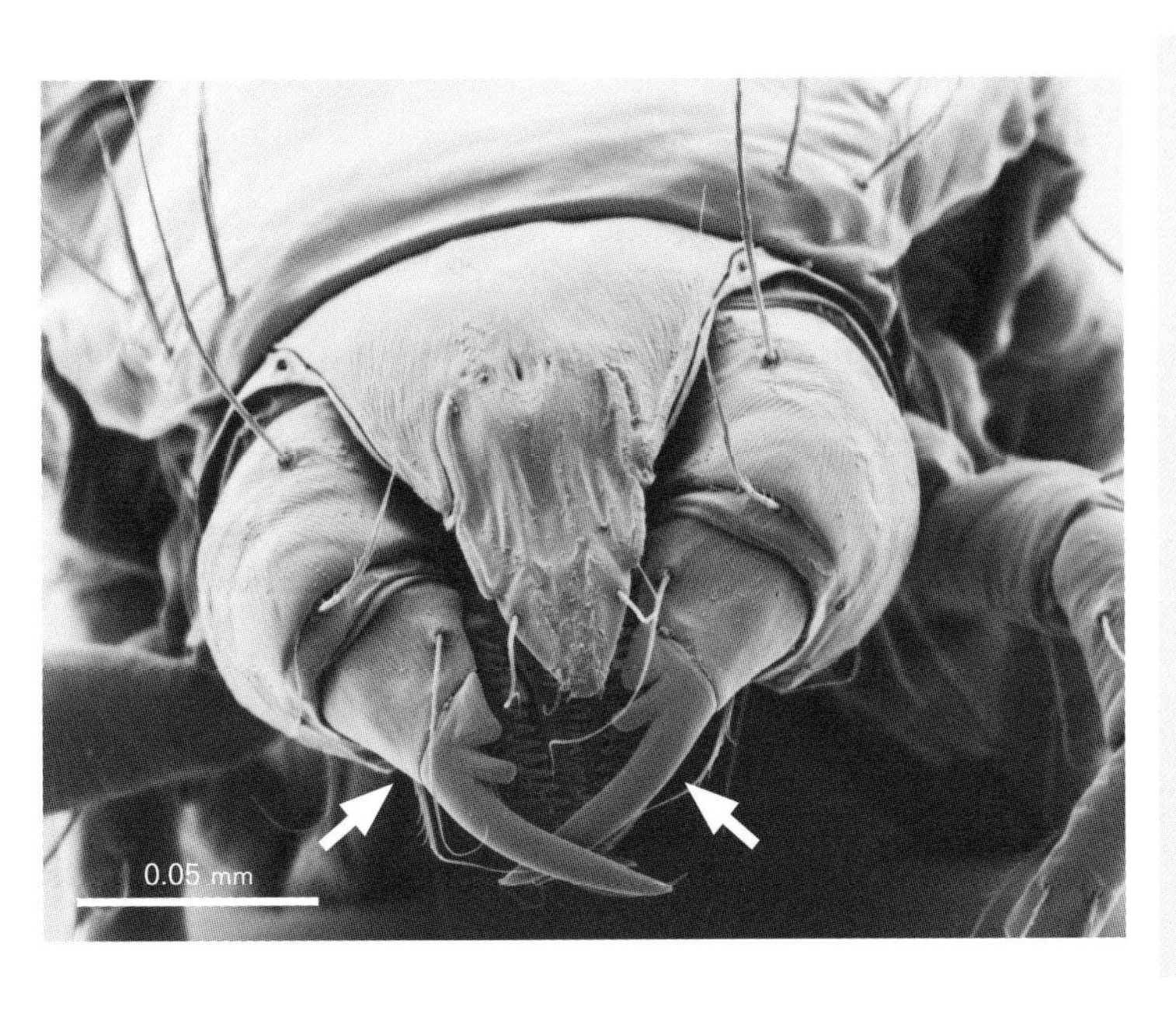

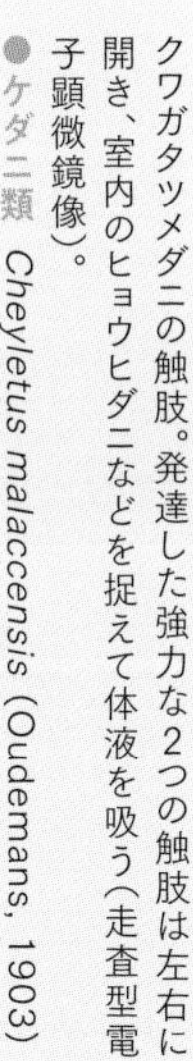
クワガタツメダニの触肢。発達した強力な2つの触肢は左右に開き、室内のヒョウヒダニなどを捉えて体液を吸う（走査型電子顕微鏡像）。

●ケダニ類　*Cheyletus malaccensis* (Oudemans, 1903)

ツメダニ類は一対の鋭い触肢で、ほかの微小な昆虫やダニを捕まえ、鋭利に尖り1つに合わさった鋏角でその体液を吸う。おもな餌は、家の中のコナダニ（コナダニ類●）やチャタテムシの仲間である。

僕は、随分以前から何となく誤解していたのだった。ツメダニは、この鋭い爪状の2つの触肢を使って皮膚をつかみ、口器で皮膚を刺すので刺し口に2つ穴が残るのだと思っていた。しかし、ちょっと考えてみれば違うことがわかる。

実際、僕が刺されたところに2つ残った刺し口のあいだの距離は2ミリメートルほど。ダニの体長は種類にもよるが0・3〜0・5ミリメートル。とすると2つの穴の距離は、ダニの身体4つ分よりも離れている。2つの刺し口が、一匹のダニの触肢で一度につくれるわけがない。人間のサイズに例えるなら、6畳間の端と端くらい離れているのだから。

さて、僕自身が急に不安になって、さまざまな専門家・研究者にも改めて聞いてみた。そうして得られた回答を検証していこう。

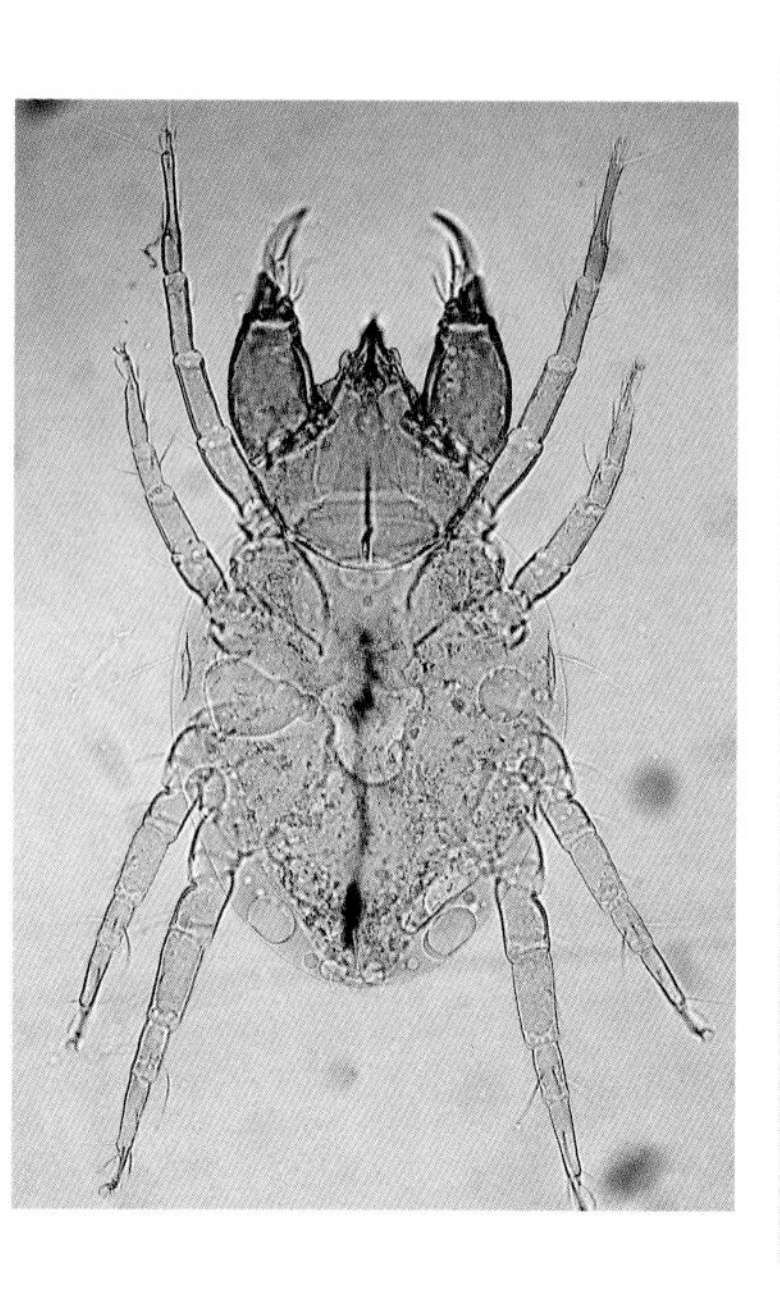

クワガタツメダニ。ほかの動物をとらえる触肢が発達しているのがわかる（光学顕微鏡写真、提供：武田富美子博士）。
●ケダニ類　*Cheyletus malaccensis* (Oudemans, 1903)

やはりダニの仕業か

まず、蚊のようなかゆみを伴う虫刺されで「残された刺し口2つ穴はツメダニ類（ケダニ類●）の仕業」という通説はウソだった。確かに、過去に専門家のあいだで、刺し口2つ穴はダニの仕業といわれたこともあるらしい。そうした〝歴史的な事実〟は、その分野の専門家に直接聞いて確かめた。

すると、現在のところ刺し口2つ穴がツメダニ類と断定することはできないようである。ツメダニ類の場合には、刺し口は2つ穴以上のこともあるのだ。どういうことか？

ツメダニ類は外皮のやわらかいチャタテムシや、同様に外皮のやわらかいダニの体液を吸って餌にしていた。そして、稀に人間を刺すことがある。ところが、人間の皮膚はこれらの昆虫やダニに比べてひどくかたい。そこで、ツメダニ類は、口器の刺し直しをするために刺し口が2つ以上生じるらしいのだ。

もちろん、ツメダニ類もその人の体質や、刺される条件によってさまざまな刺し口が生じるので、一概に「刺し口2つ穴はツメダニ類の仕業」とはいえないらしい。今回、相談に乗っていただいたダニ専門家のうちのひとり、吉川翠博士の研究によると、ツメダニは人の皮下のアルブミンを吸って24時間で体重が13倍にも増えたらしい（吉川ほか、1991）。

ツメダニ類の仕業なのか、そうでないのか決めきれないのだが、誰もまだ刺し直すツメダニ類の行動を見ていない。長い時間かけて観察した研究者でも、結局その行動を観察できなかったという。そうなると、家庭での刺し口２つ以上の虫刺されは、ツメダニ類以外の犯人の可能性も考えなければならないだろう。

意外な事実

昆虫であるトコジラミも口器の刺し直しをするために、複数の刺し口が残ることがあるという。やはりツメダニだけが、この〝手口〟を使うわけではなかったのだ。家庭内で起きる虫刺されの主な犯人は、ハチ、アリ、サシガメ、カ、ブユ、ヌカカ、ノミ、トコジラミ、カミキリモドキ、アタマジラミなどの昆虫類、ムカデ、サソリ、イエダニ、ヒゼンダニ、シラミダニなどの昆虫以外の節足動物になるだろう。

例えば、人が寝ているときに刺されるトコジラミは露出部を好むので顔や首の周り、手、足首などに刺し跡が残る。イエダニは人間の身体のやわらかい部分を好むので足の付け根や脇の下を好む。ツメダニはおもにクビから下で膝から下はあまり刺されないので、イエダニと同じと考えていい。人が起きているときに刺されるネコのノミはおもにわれわれの膝から下に指し跡が残る（夏秋、２０１２）。

注意してほしいのは、イエダニは、多くの場合ネズミに寄生していて、ネズミと共に人家に入り込み、人を刺す。したがって、近年の人家はネズミが少ないので、イエダニはほとんど見られない。

ことわざに「人を呪わば穴二つ」がある。他人を悪く思うと結局は自分にも悪い影響が及び墓穴を２つ掘ることになるという戒めの意味だが、呪いという言葉がいかにも怖い。翻って「ダニに刺されると穴２つ」説は、見えないダニに刺される恐怖心が掘った墓穴なのかもしれない、とちょっと思った。

電子顕微鏡写真で見る知られざるダニたちの姿

part
2

著者が走査型電子顕微鏡を駆使して撮影したササラダニ類(●)とコナダニ類(●)の本当の姿をご紹介しよう。

●ササラダニ類　Oribatida

背側｜生殖門と肛門が離れている「高等ササラダニ(ハナレササラダニ団)」では、成虫と未成熟中の形態がまったく異なるものがいる。成虫になると外敵からの防御のため体表にカルシウムを蓄積してかたい外骨格をつくりだす。未成熟な若虫では脱皮をしなければならないのでかたくできない。そのため脱皮柄を背負ったり、羽毛状や長い背毛をもったりして、捕食者を退けるという防御戦略をとる(走査型電子顕微鏡像)。

【マンジュウダニ上科の一種（若虫）】
学名: Cepheoidea sp.

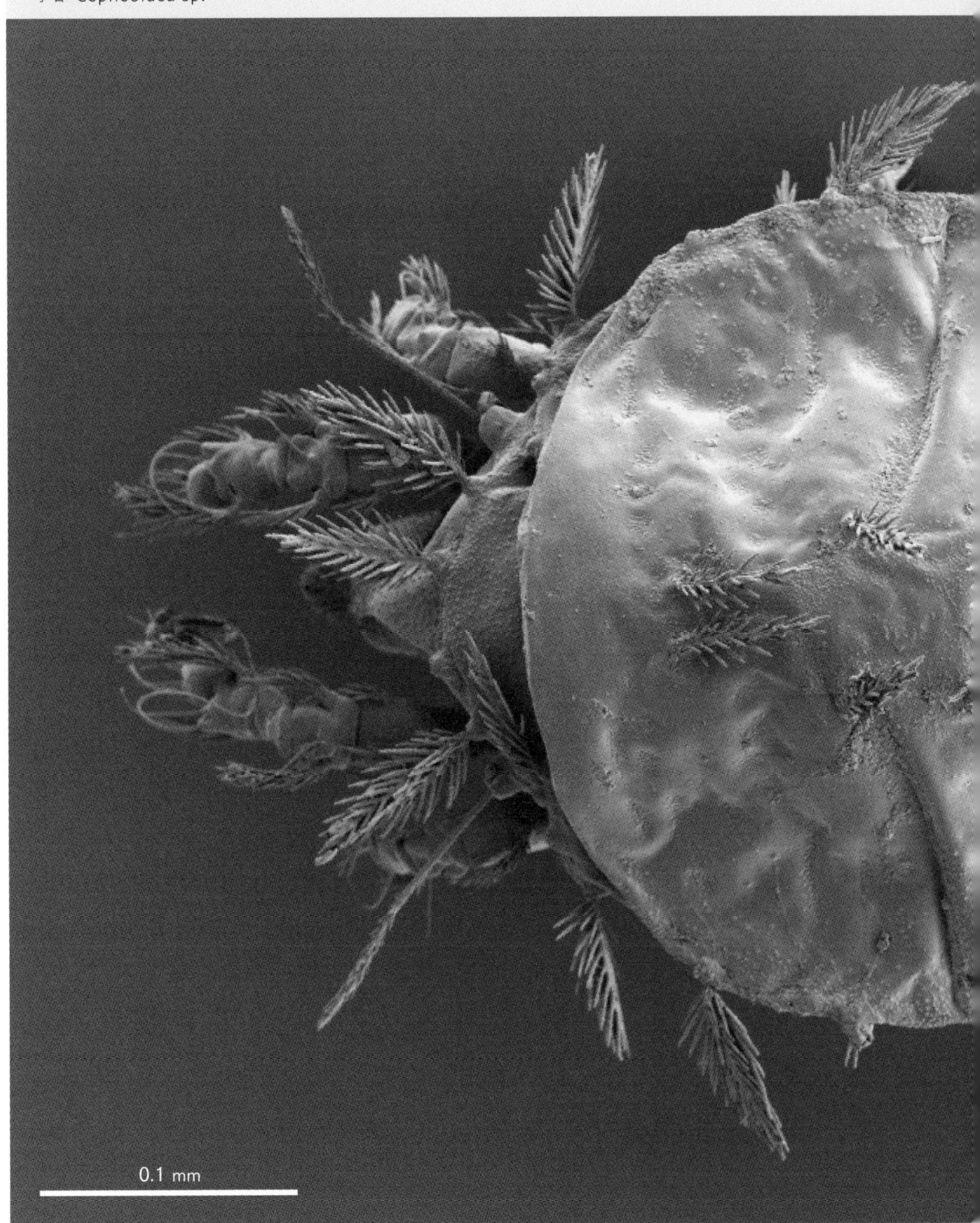

【マイコダニ】

学名: *Pterochthonius angelus* (Berlese, 1910)

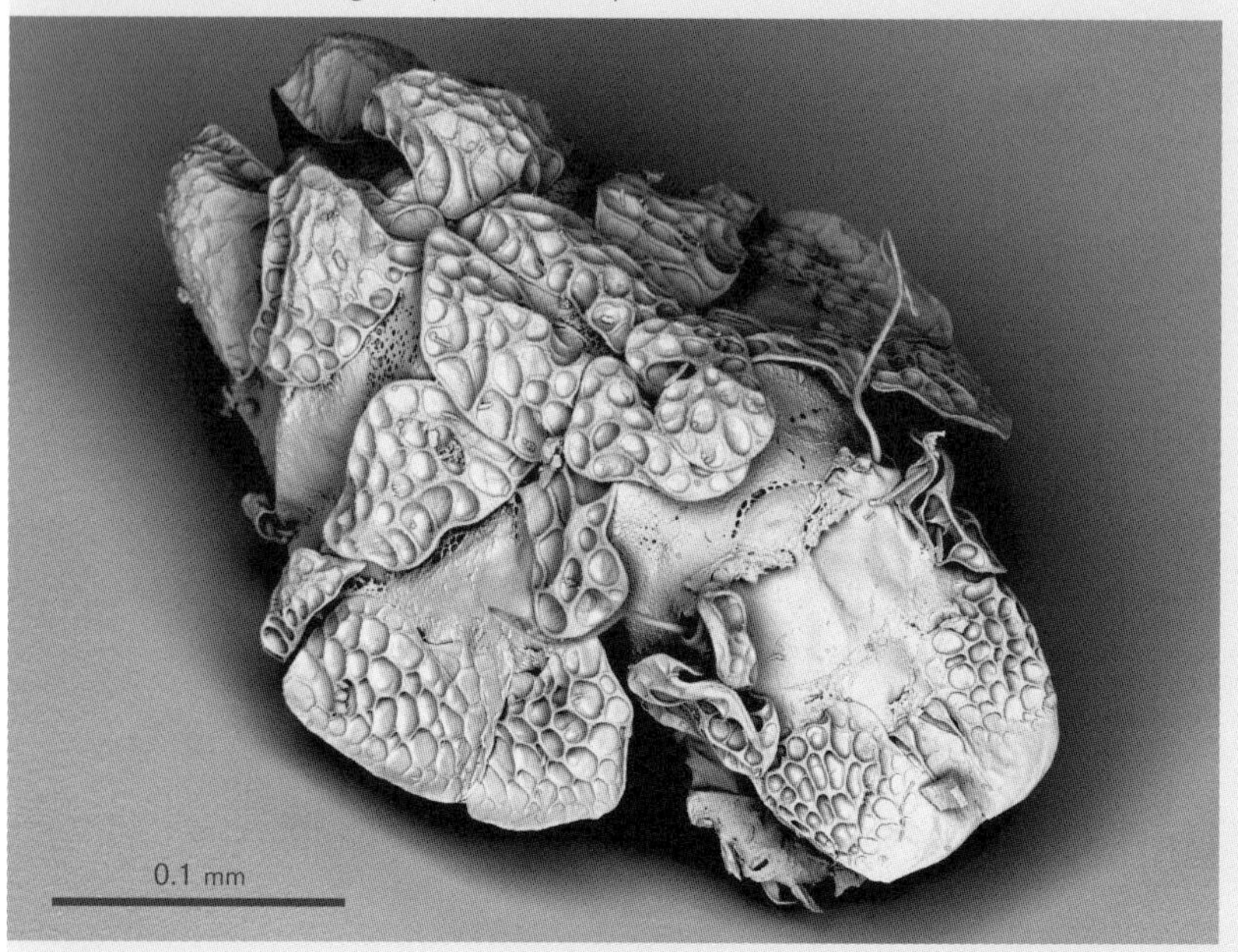

全身(側面)｜スギ林の林床などに生息。見た目に小さく白い可憐な舞妓さんの着物のよう。捕食者からの防御のため背毛を団扇状に進化させた(走査型電子顕微鏡像、標本提供:池田颯希氏)。

背毛｜本種に特有の団扇状の背毛。強度を保つため、また何重にも重なるため貼り付かないように、特殊な表面構造をもっている。土の中のダニのかたちの多様性に驚くばかり(走査型電子顕微鏡像)。

0.01 mm

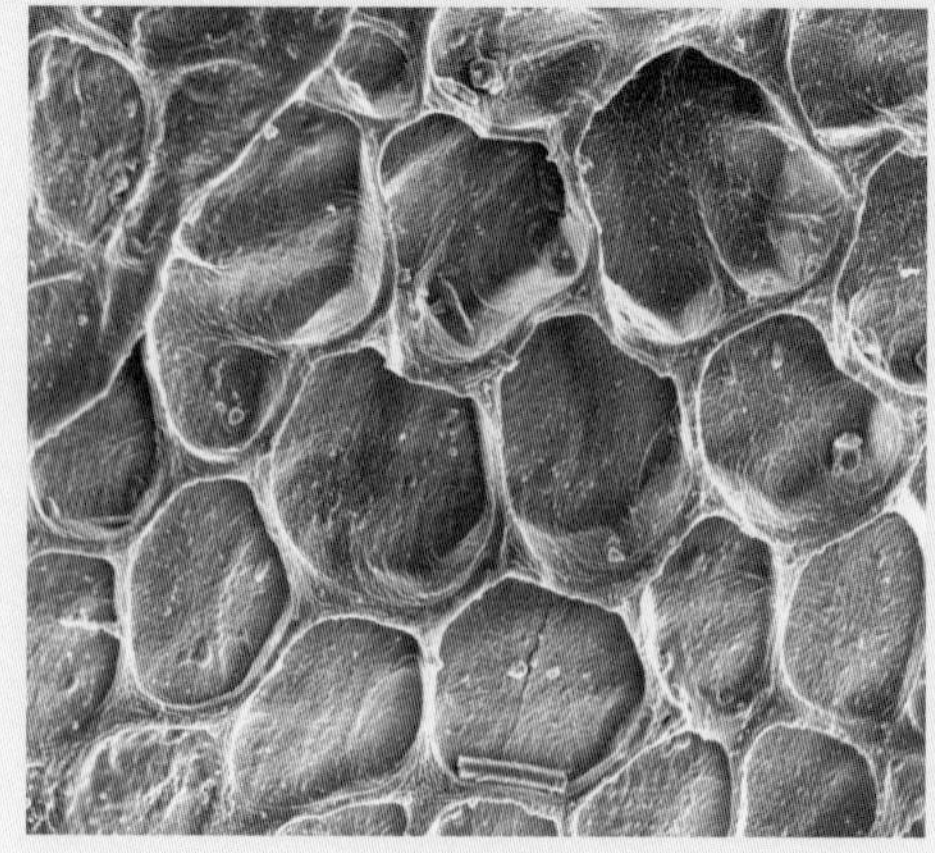

【イトノコダニ】

学名: *Gustavia microcephala* (Nicolet, 1855)

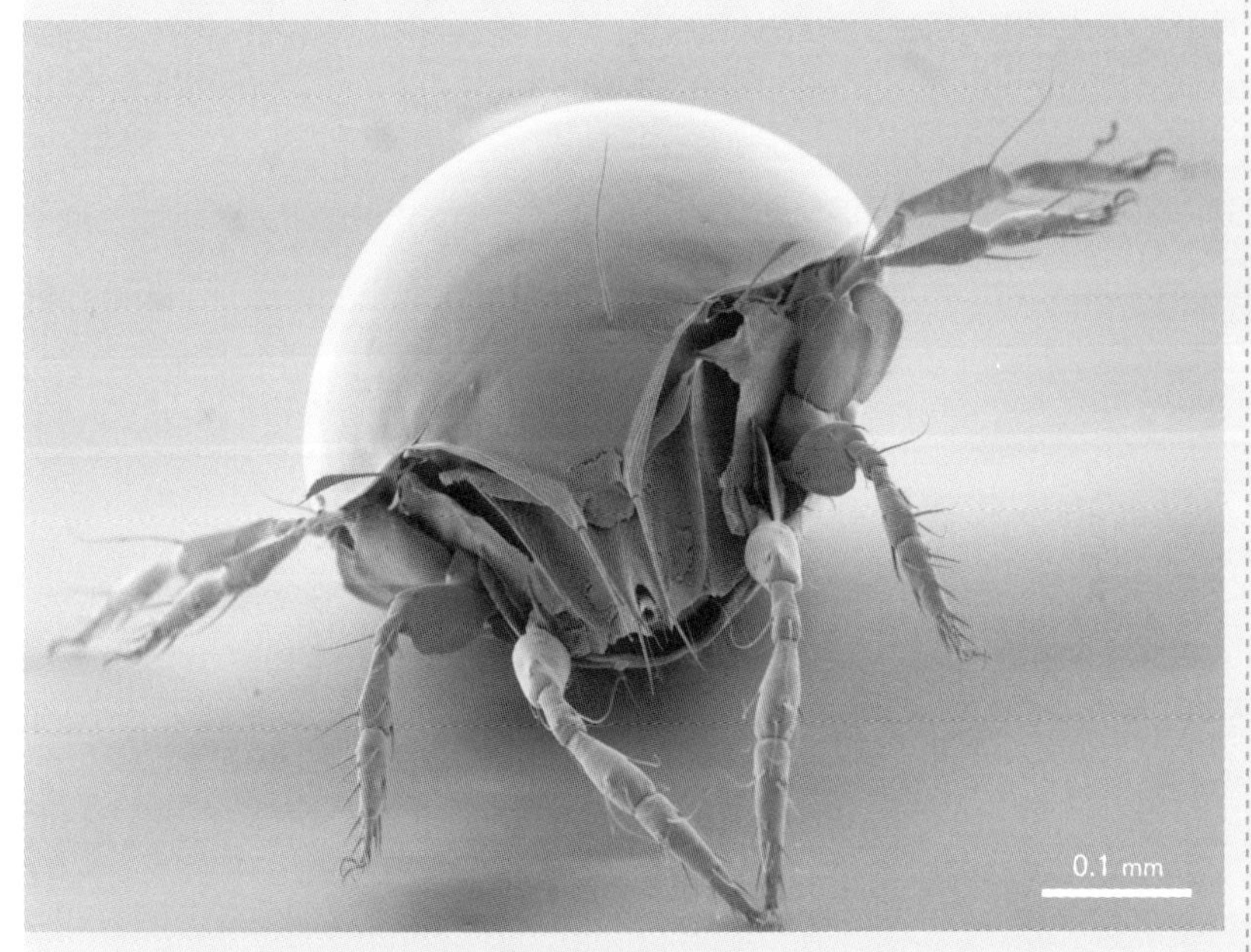

全身(正面)｜自然環境の残された森(18頁)に生息する。かたいツルツルの外骨格に極微小な背毛のみ。軟膜のある脚はスリット状の部分に格納、ボール状になるので捕食者が捕まえられない(走査型電子顕微鏡像)。

口器｜イトノコダニの名称は糸鋸状の細い鋏角がこのストローのような口器の中から出てくるため。細い鋏角でカビやキノコの菌糸を切り、その中の細胞質を口器で吸い餌とする(走査型電子顕微鏡像)。

0.01 mm

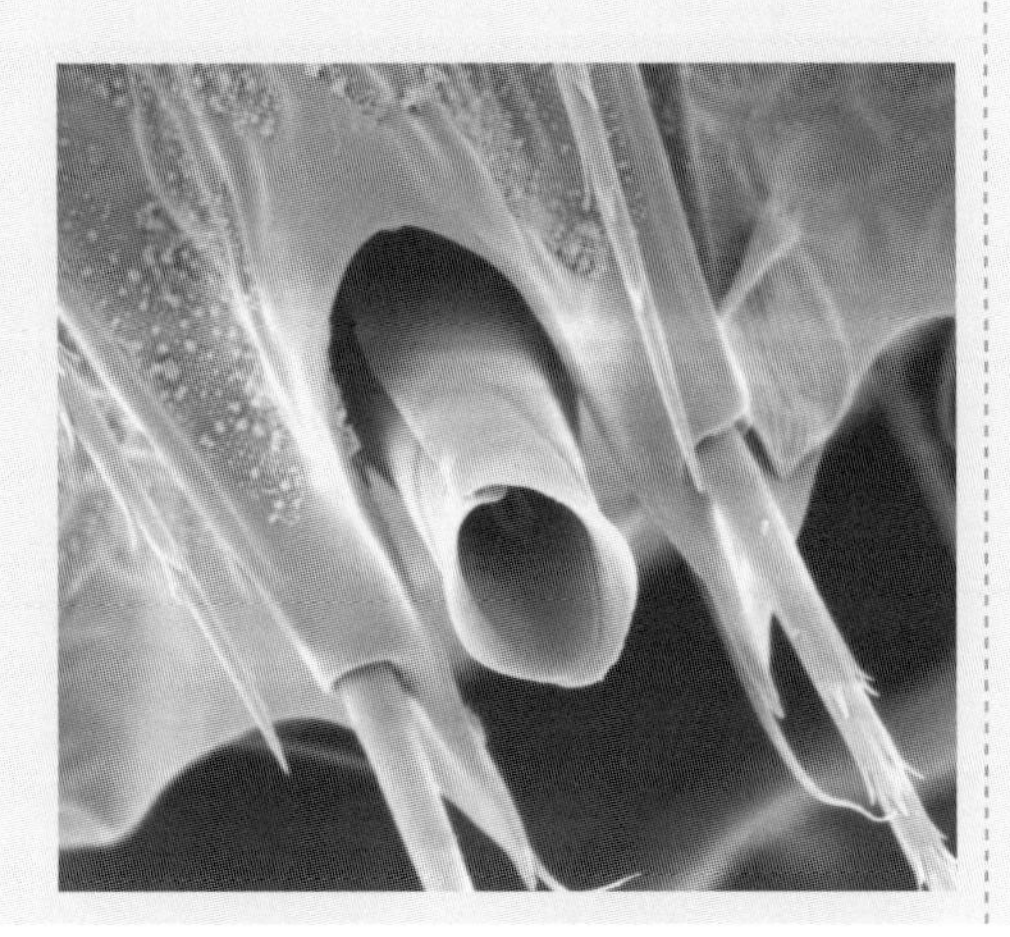

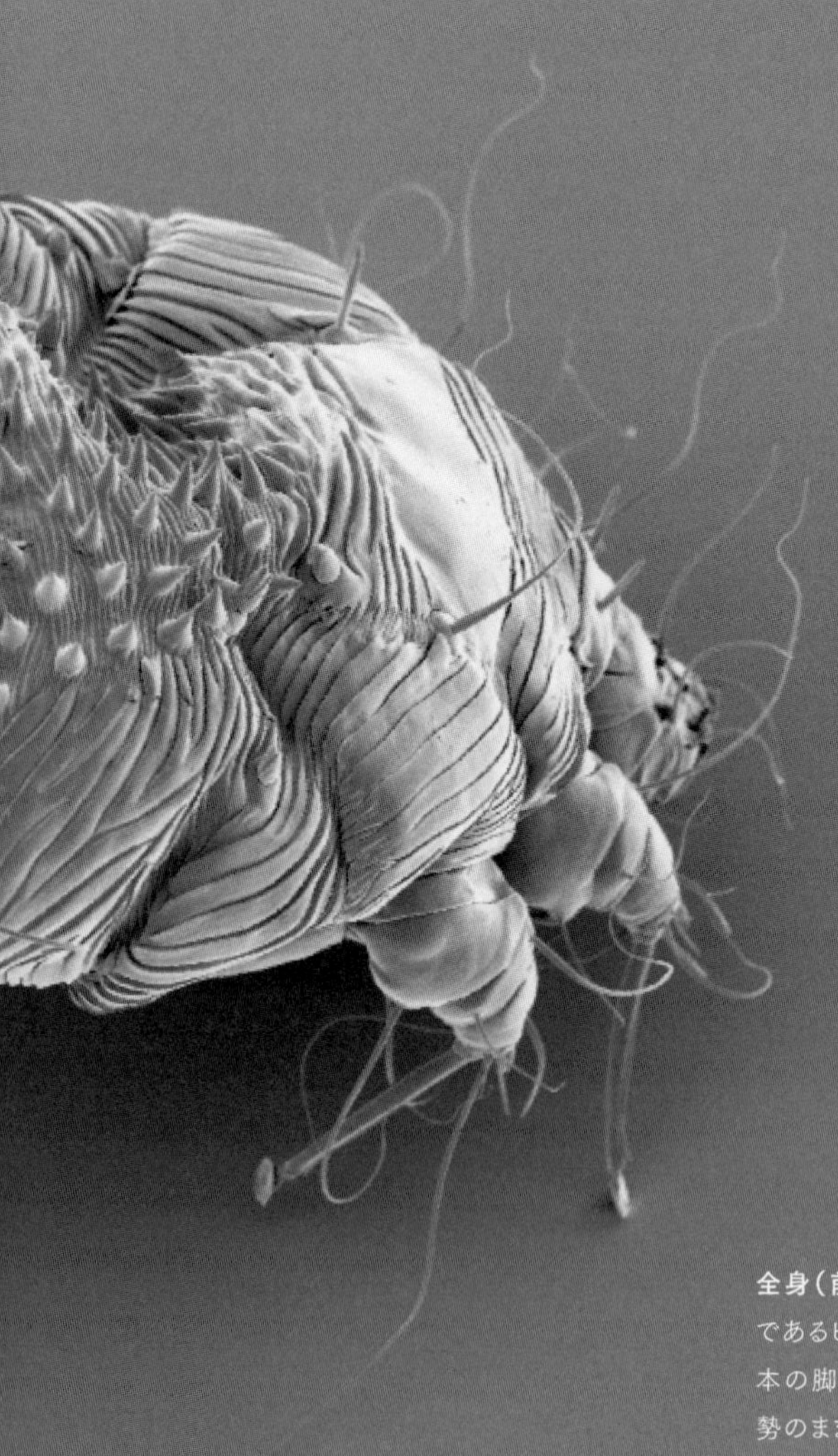

全身(前傾姿勢・背後)｜疥癬の原因であるヒゼンダニは、左手前に伸びた2本の脚を使い前傾姿勢をとる。この姿勢のまま、右手前の比較的短い前脚の鋭い爪で人間の皮膚に穴を掘る。パドルは平面の歩行に使う(走査型電子顕微鏡像、標本提供:和田康夫博士)。

【ヒゼンダニ】

英名: itch mite ／ 学名: *Sarcoptes scabiei* (Linnaeus, 1758)

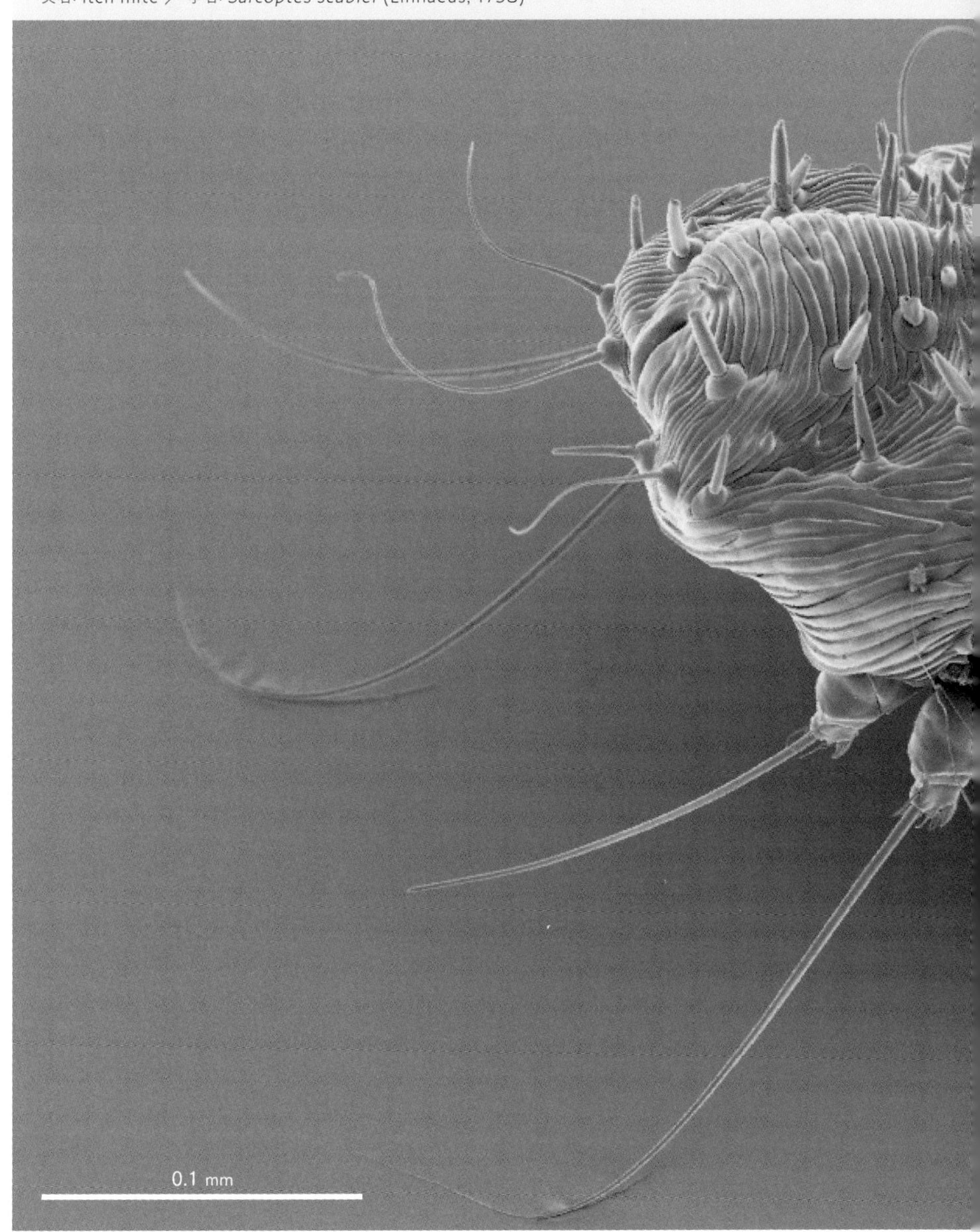

【トキウモウダニ】

英名: Japanese Crested Ibis feather mite ／ 学名: *Compressalges nipponiae* Dubinin, 1950

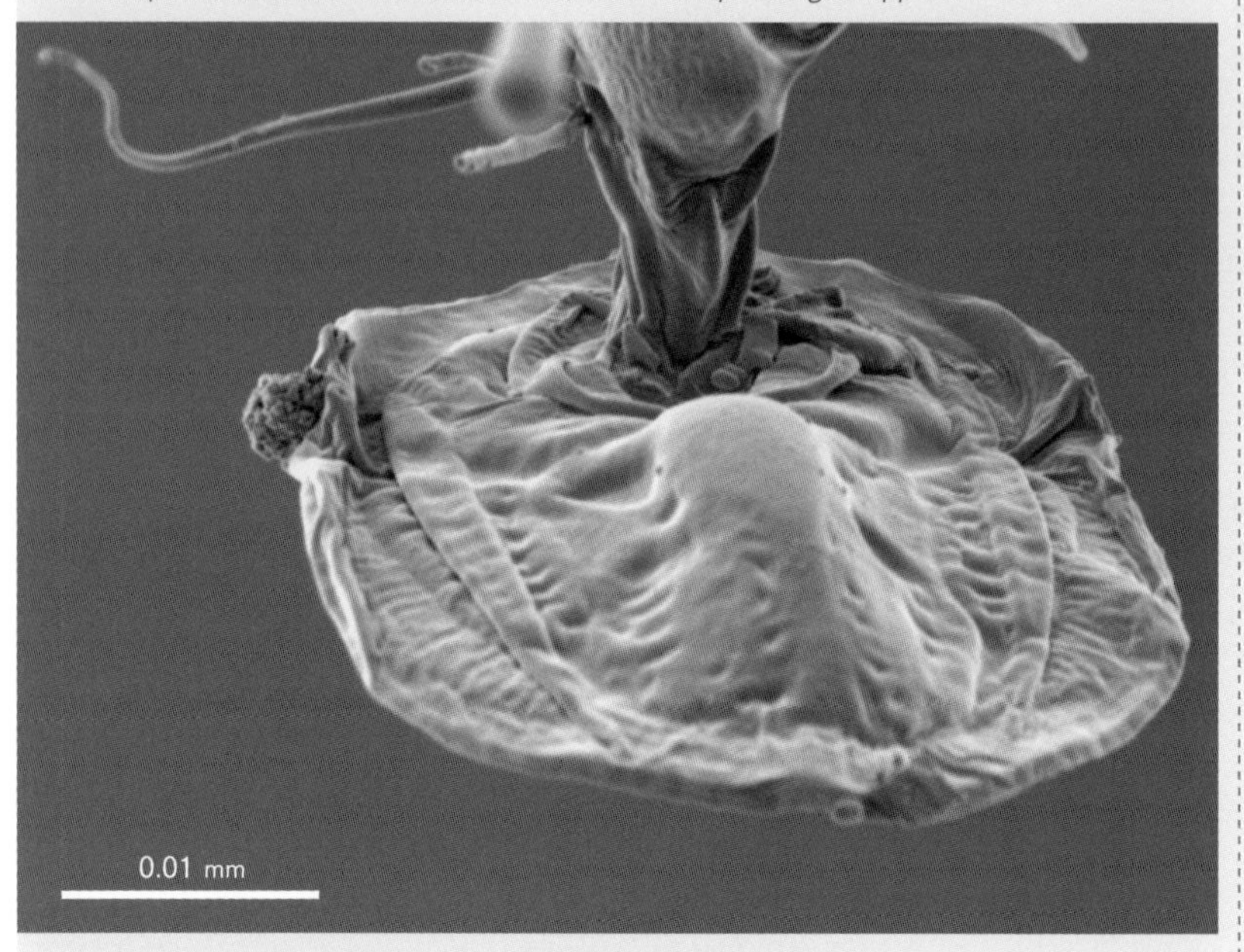

脚・吸盤｜脚の先端は通常のダニは爪だが、本種は吸盤状になっている。この吸盤で鳥の羽にピッタリとくっついて旅をするのだ。下の写真を見ると吸盤に空気を抜く部分もあることがわかる(92頁、走査型電子顕微鏡像、標本提供:環境省)。

頭部(正面)｜ウモウダニの食性の研究によれば、彼らは鳥の羽の上のカビや古い脂などを食べており、けして鳥の血を吸ったり皮膚を食べたりしない。鳥の羽の掃除屋さん(相利共生)なのだ(走査型電子顕微鏡像、標本提供:環境省)。

0.05 mm

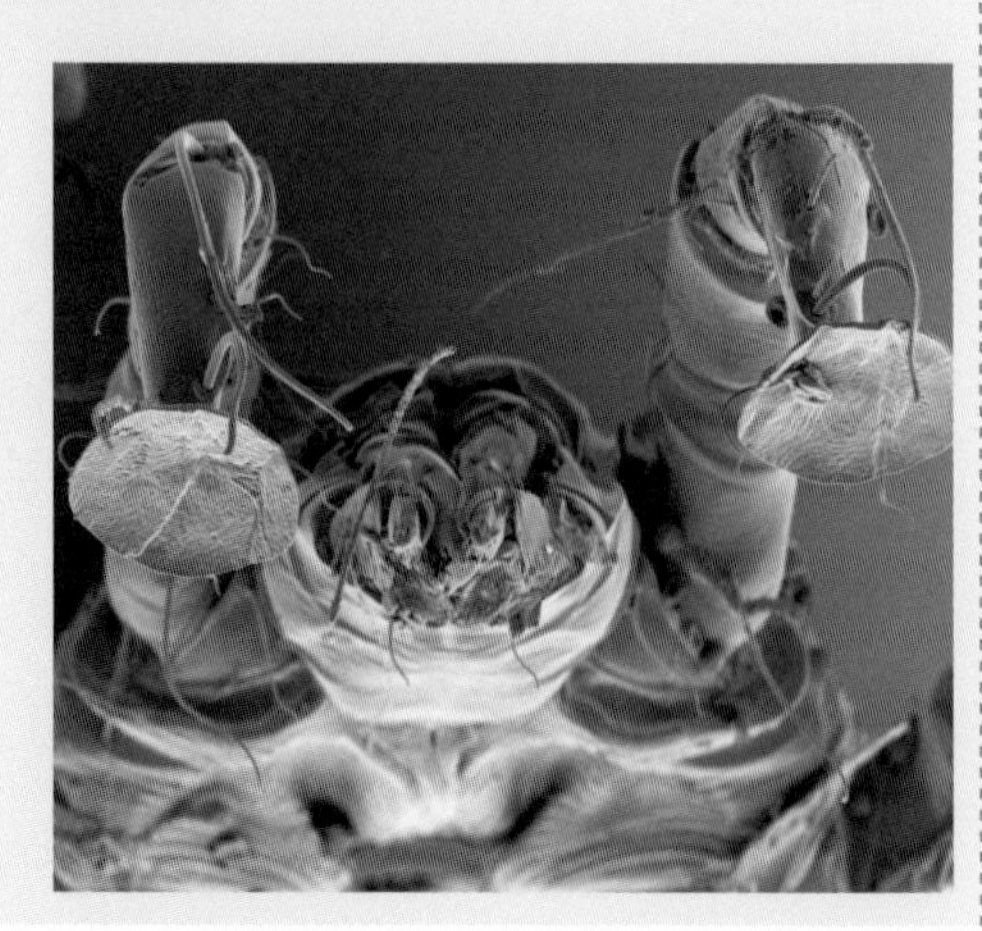

第3章

秋から冬のダニ

チーズダニをめぐる旅へ

ダニはチーズを美味しくする？

日本でも見かけることの多くなった、ミモレットはフランス産のチーズ。フランスの北部、フランドル地方ノール＝パ・ド・カレー地域圏の名産だ。

熟成期間が16か月以上のものは値が張り、味は「からすみ」のようで日本酒にもあうらしい。日本で売られるときは丁寧に切られていることが多いけれど、このチーズ、実際は直径20センチメートルほどのボールのようなかたちをしている。そして、外側をよく見るとデコボコしているのだ。

あるとき、何となくお店で買ってきたミモレットの

マルシェのチーズ屋さんに並んでいたミモレット。カットして売られていることが多いが、本来はボール型をしている。

かつて滞在したフランス・ブザンソンの街で毎週水曜日と土曜日の午前に、週2回開かれているマルシェ。野菜を売る農家、お花屋さん、チーズ屋さんなどがお店を出している。

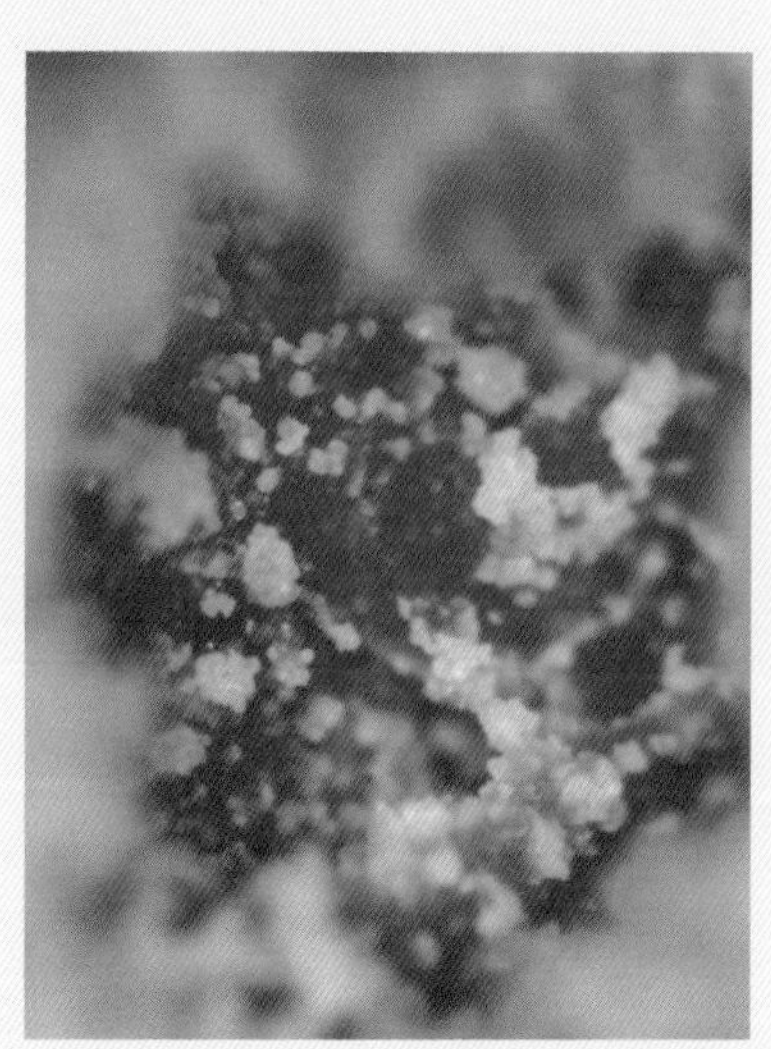

ミモレットの外側のデコボコの穴の中を顕微鏡で見ると…。チーズを食べるコナダニ君が見つかる。暖かい部屋ではダニが死んでしまうことから、元気なダニは温度管理の証になる。

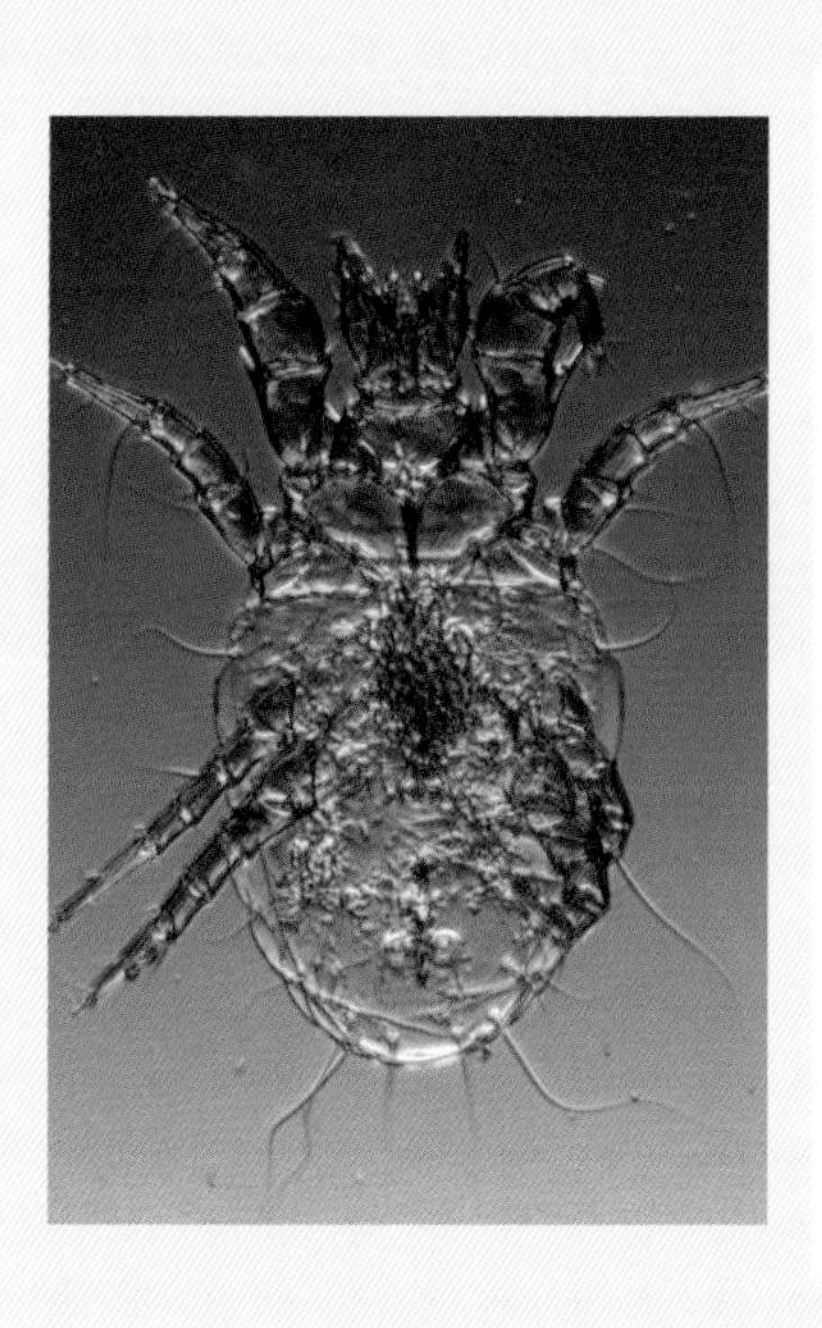

ミモレットから見つけたアシブトコナダニ（光学顕微鏡写真）。
●コナダニ類　*Acarus siro* Linnaeus, 1758

外側のデコボコの穴の中を顕微鏡で覗いてみた。すると、少しは期待していたのだけれど、やっぱりいました！　ダニーくん。僕はうれしくなって、ミモレットについていたダニをすべて採集した。

これは、何という名前のダニなんだろう？

さっそく、この分野のダニの専門家である岡部貴美子博士に送って同定してもらうと、アシブトコナダニとのことだった。

あらためて、ミモレットについていたラベルを見直してみると、「自然熟成されたミモレットは、シロンを使用した伝統的な製法で熟成されるあいだに表面にデコボコができ、粉が出ます」とあった。

「ciron（シロン）」とは、フランス語でまさにアシブトコナダニが属するコナダニ類（●）のこと。ミモレットの外側のデコボコは、コナダニ類がチーズを食べ進んでできたトンネルだったのである。

後で調べてわかったことだが、管理のよい熟成庫にはチーズコナダニ（後述）がチーズの熟成を手伝い、そのチーズがマルシェなどに置かれると、アシブトコナダニなど別のコナダニ種に置き換わることなどがあるらしいのだ。

名付け親はリンネ

アシブトコナダニという名前を付けたのは「分類学の父」と呼ばれる、偉大な分類学者リンネである。リンネによって学名を付けられた最初のダニの1つが、このアシブトコナダニなのだ。

この感激は伝わりにくいかもしれないけれど、例えるなら、仲のいい友達の名付け親が、渋くて格好いい俳優の役所広司さんだったと聞いたときの感じに似ているかもしれない。急に友達の名前が立派に見えてこないだろうか。

1758年当時、リンネがチーズから見つかるこのダニに学名を付けた頃に冷蔵庫はなかったので、管理状態にもよるが、ヨーロッパでは今日よりダニが明らかに身近な存在だったに違いない。

なお、ミモレットは通常、外皮は取り除かれ、オレンジ色の箇所だけを食べるので、まったく健康には問題ない。

ドイツへ、フランスへ

2014年の元旦、ドイツ在住の友人、美術家の佐々木宏さんから届いた新年の挨拶メールに、新聞記事が添付されていた。「家でとっている新聞にダニがつくるチーズのことが掲載されていたから、知らせようと思った」という。

パリ市庁舎のそばにあるオーベルニュ食材の専門店では、チーズのショーケースを食い入るように探したが、ダニチーズは見つからなかった。

ダニが熟成するオーベルニュ地方のアーティズー（Artisou）というチーズ。熟成庫の中で、「自然の中で自然のまま」熟成させるという職人さんとたくさんのチーズコナダニが頑張っていた。

その新聞記事をよく読んでみて驚いた。ドイツのダニが熟成するチーズに関するこの記事には、ダニの電子顕微鏡写真が大きく掲載され、さらにチーズのパッケージには、僕が見たことのない、ドイツの〝チーズ職人〟こと、チーズコナダニ *Tyrolichus casei* らしきイラストまで描かれていた。前にも触れたが、チーズコナダニの学名である casei（カゼイ）はチーズという意味だ。

肝心のチーズは、ドイツ語で Milbenkäse（ミルベンケーゼ）という名前が付いていた。Milben はダニ、Käse はチーズなので、まさしくダニチーズだ。

ダニチーズは、ザクセン＝アンハルト州（旧東ドイツのライプツィヒ郊外）のヴュルヒヴィッツ村だけで生産されている。中世からつくられてきた伝統のあるチーズだが、１９７０年頃には、リースベットおばあちゃんしか製法を知らない「絶滅危惧」状態に陥っていた。

その後しばらく、新聞記事のことを忘れていた。ところが後に「ダニ系統樹ポスター」（１２４頁）のイラストを担当することになる美術家の黒沼真由美さんが、「ベルリンで個展をやるが、そのついでにヴュルヒヴィッツ村のダニチーズを見に行きたいそうだ。行ってもいいか？」と、拙著『ダニ・マニア』の担当編集者である畠山泰英さんから尋ねられて、新聞記事のことを思い出した。当時黒沼さんのことを僕はまったく知らなかったが、気軽に「いいよ」と返事をしてしまった。

黒沼さんは有言実行で、ドイツ語を話せる友人と一緒にヴュルヒヴィッツ村のミルベンケーゼの継承者、ヘルムート・ペッシェルさんを訪ねた。「島野さんのことも宣伝しておいたから、ペッシェルさんも楽しみにしているよ」と気楽なメールが後で届いた。

恐るおそる事の発端である佐々木さんに連絡をすると、「面白そうだから、今度は是非、妻と僕も行く」といって嬉しそうだ。登場人物全員が楽しみに待っているのだから、もう後戻りはできない。ついに僕はダ

毎年クリスマスの時期、パリの中心にあるコンコルド広場に観覧車が登場する。オベリスクと観覧車。

ニチーズの世界に一歩踏み出すことになった。いったん覚悟が決まれば、チーズは大好きな趣味の世界でもある。ドイツのダニチーズをめぐる旅を終えると次は、興味に任せてフランスを旅することにした。

ドイツとフランスのチーズダニのルーツを探る

２０１４年の12月には、クリスマスのフランスへ。ディジョンでの国際会議を終え、パリの街にあるいくつかのチーズ屋で、フランスのダニチーズの手掛かりを探した。最後に立ち寄った、パリ市役所のそばにあるオーベルニュ地方の食材専門店で「Artisou（アーティズー）を知りませんか?」と尋ねたが、お店のご主人は怪訝そうな顔をして、「知らないな」と答えた。アーティズーとは、オーベルニュ地方で、チーズを美味しくするダニと、ダニが熟成するチーズのことだ。パリで探しても手掛かりを得られなかった僕は、失意のまま帰国する羽目になる。

ところが帰国後は意外な展開が待っていた。黒沼さんが次から次にフランスのダニの情報を探し、自分のツテを使って調査手段を確保してくるではないか。僕はいわれるがまま、ふたたびフランスに送り込まれることになった。

まずはフランス北部フランドル地方のルーベ。地方特産のミモレットは、ルイ14世時代のフランス重商主義によって、輸入禁止になったオランダのエダムチーズの代わりにつくられるようになった。ここではミモレットのチーズコナダニを探して熟成庫を尋ねた。

次にフランス中南部オーベルニュ地方へ。ここでは、スペインのサンティアゴ巡礼のスタート地点でもある、ノートルダム・デュ・ピュイ教会のあるル・ピュイ=アン=ヴレから旅をして、アーティズーの熟成庫も尋ねた。

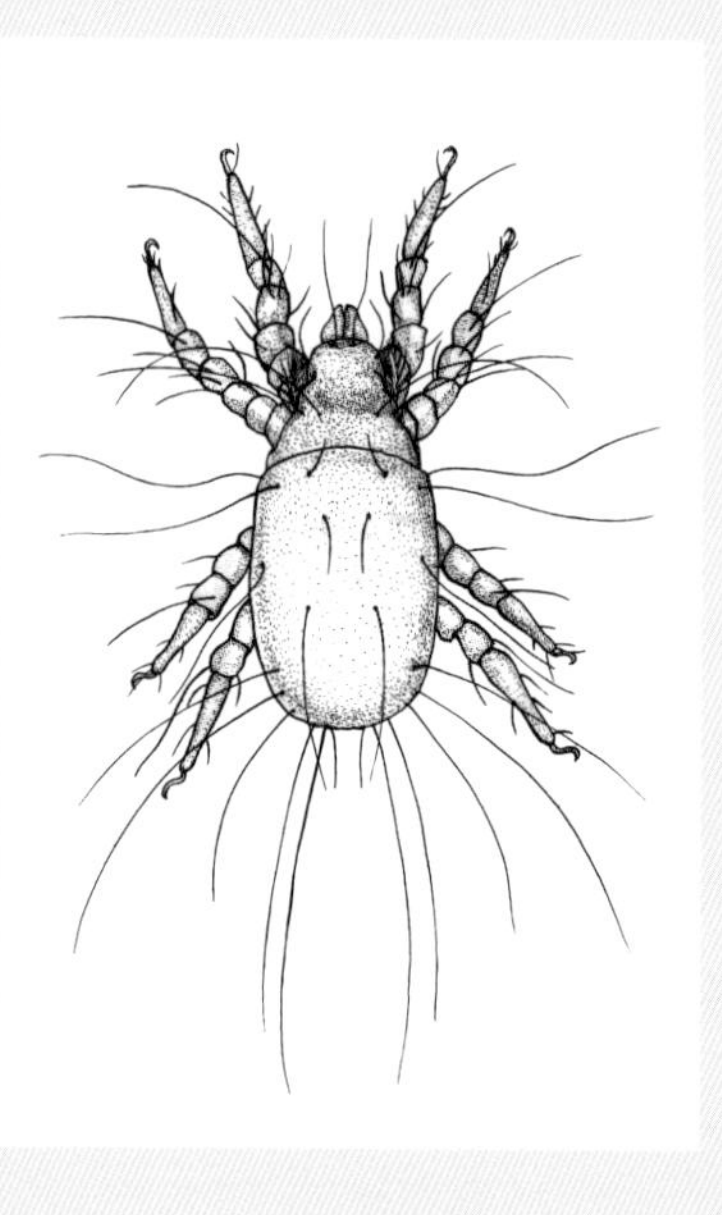

●コナダニ類　*Tyrolichus casei* Oudemans, 1910
チーズコナダニ。管理の行き届いたチーズ熟成庫でしか見つけられないため、丁寧に熟成されているチーズの証だといえる（画像提供：黒沼真由美氏）。

こうした僕たちの研究でわかったことが1つある。通常、ダニの遺伝子は地理的な変異を示すのだが、直線距離にしてお互いに500キロメートル以上も離れているドイツのヴュルヒヴィッツ村、フランス北部のルーベ、フランス中南部のル・ピュイ=アン=ヴレ、これらの3地点のチーズコナダニはまったく遺伝的に同じだった。この原因に思いをめぐらすと、3000年前に現代的なチーズ生産がはじまったときには、ヨーロッパ全体にチーズコナダニが広く分布し、チーズに乗って互いに交流していたのではないか。

イタリア北部の山岳部にさらに古い形態のチーズ熟成技法が伝わっているが、その熟成庫のチーズコナダニの遺伝子を調べると、さらに新しいことがわるのかもしれない。

ダニはチーズをおいくしているの？

ではダニの外分泌物質がチーズに風味を与えているのだろうか。僕たちの研究による答えは「ノー」だ。ダニの外分泌物質の成分がチーズから得られてはいないし、カマンベールチーズと微生物の関係のように、バクテリアやカビほど、チーズ内部にまでその影響を与えているとは思えない。また、ダニが分解したからといって、チーズに何らかの成分をもたらしたとも思えない。

「ダニは神様の贈り物」と、チーズソムリエがいった。ダニはなぜチーズに必要か？　チーズソムリエが付け加えたように、確かに、ダニが食べた穴によってミモレットは深呼吸するだろう。そのことが大事なのだろうか？　それが科学的に実証できるだろうか。僕にはそれが明快に可能だとは思えない。ダニではなくてもいいだろう、例えば人間が穴を空けたり削ったりしてもいいのだ。

僕たちの研究によっても、ダニが直接的にチーズを美味しくしたわけではないことは証明された。したがって、例えダニがついていようと、ついていまいと、チーズの味には影響はないはずである。しかし、確かにダニのついていないチーズは美味しくないのだ。

チーズダニが共生できるのは貯蔵庫が常に管理が一定の証である。丁寧に管理され、愛されて熟成されたチーズ。「愛情」を科学に当てはめるなら、手間と時間を惜しまずに世話をする、ということになる。そしてそのようにつくられたチーズはやはり美味しいのだ。

トキと空飛ぶダニを探す

ウモウダニは
トキと添い遂げたのか

鳥につくダニはさまざまで、マダニ類（●）の仲間のヒメダニは鳥の血を吸う。トリサシダニ（トゲダニ類●）も鳥の血を吸う。鳥の巣などを安易にとってくるとこれらのダニが巣にいて、人も被害を受ける。ほかにも、例えばカモの鼻腔にはカモハナダニ（トゲダニ類●）などもいる。鳥にはたくさんのダニがついているのだ（もちろんいつもたくさんのダニをつけているわけではない）。

鳥にとっていいダニもいる。ウモウダニは鳥の羽、特に風切り羽や尾羽についている。実は、ウモウダニもチーズダニと同じコナダニ類（●）に属する。

ウモウダニがついている風切り羽は鳥の飛行に非常に大切な羽だが、ウモウダニは羽そのものを食べているわけではない。ウモウダニは羽の古くなった油脂（あるいは羽毛の上の微生物）などを食べていると考えられている。

鳥は油脂成分を羽に塗っておかなければならない。人間の革靴のことを思い浮かべてほしい。いい状態を保ちたければ、古くなった油脂の上に新しい油を塗るのではなく、古くなった油をはがしてから新しい油を塗り直すべきだ。それと同じことで、油脂を食べてくれるウモウダニの存在は鳥にとっても利益になる。この場合、お互いが利益を得るので、ウモウダニは寄生ではなくて「相利共生」ということになる。

カラス研究者の松原始さんから、イワツバメの羽にダニがいるからとその羽をいただいた。見てみると、家族のウモウダニがしっかりその羽にいた。

ウモウダニは一生を鳥の羽の上で過ごすといわれている。脚が6本なのは幼虫（昆虫と同じで脚が6本の未成熟個体は幼虫という）、次に若虫のステージでは脚が8本になり、最後に親になる。背中にシワが寄っているのは若虫の印。ウモウダニがみんな下を向いている姿（94頁）を見るとお尻のかたち（頭ではない）が違う。これはオスとメスで形態が異なっているからだ。

ウモウダニは、子供も親もみんな同じ鳥の羽の上、しかも羽の先端の「風切り羽」で生活しているので、相当な風圧と動きが加わっているに違いない。彼らがどうして羽から落ちたりしないのかといえば、脚の先端が吸盤状の構造になっているから（82頁）。これで、ぴったり羽軸と羽枝の隙間に身体を固定し、身を寄せて暮らすことができる。もっと過ごしやすそうなところもありそうだが、そこにはほかのダニがいるから、争いを避けたいウモウダニはつつましく羽の先や、尾羽の先端で生活しているのだろう。

トキウモウダニは絶滅したのか

日本にはかつて、ニッポニア＝ニッポンという学名の鳥がいた。トキである。トキは、全長約75センチメートルの大型の鳥で、淡紅色を帯びた白色の羽が美しいので、桃花鳥とも書いたらしい。東京駅でピンクとも肌色ともいえない微妙な色合いの新幹線を見ることがある。それがト

イワツバメ *Delichon urbica* Linnaeus, 1758 は、スズメ目ツバメ科に属する。ツバメより翼や尾が短く腰が白い（写真提供：三宅源行氏）。

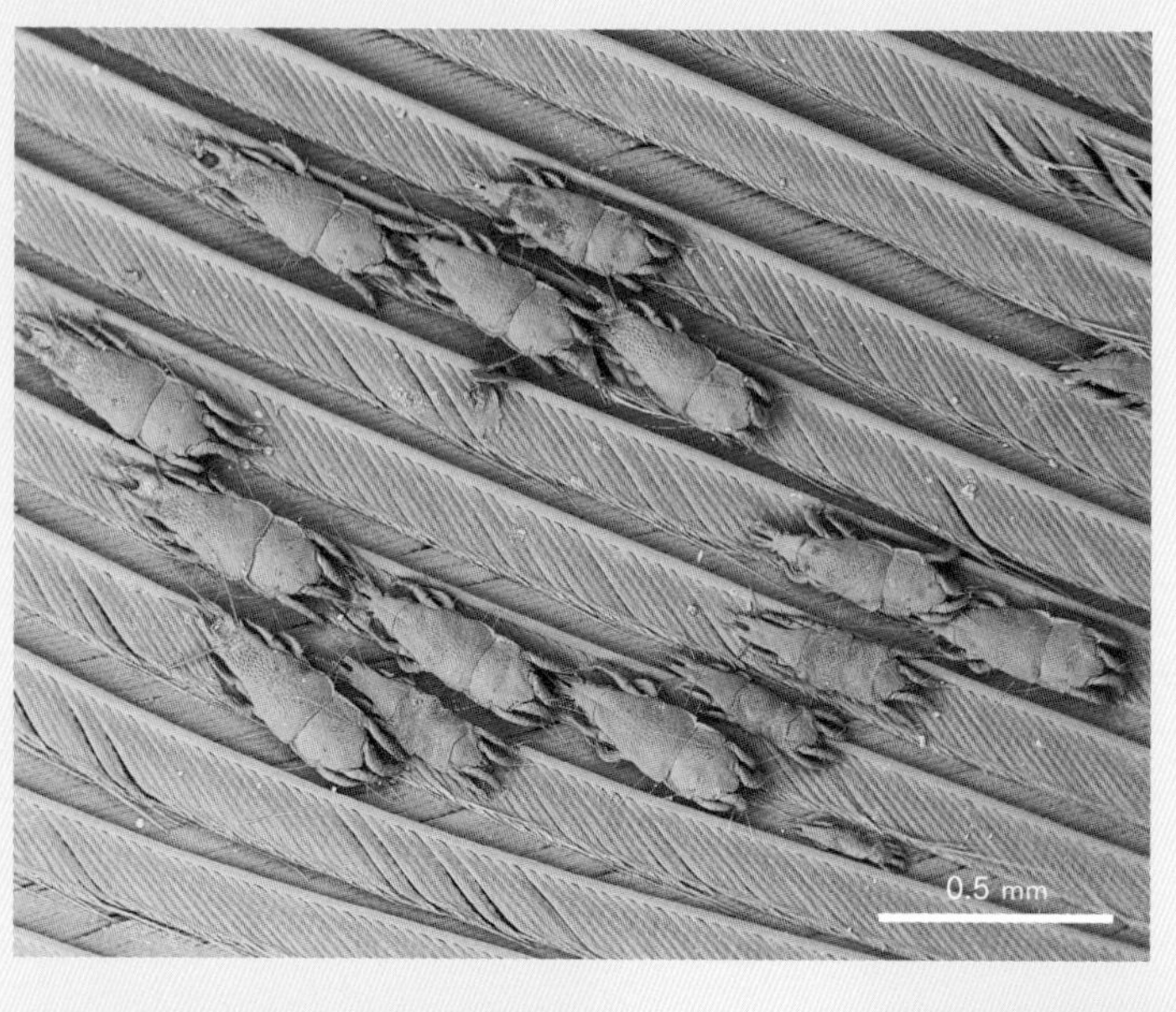

コシボソウモウダニ科の一種。若虫や成虫、たくさんのステージのウモウダニが1枚のイワツバメの羽の上で生活していた。ただし社会性をもっているわけではない(左図)。下図の上がオス成虫、下がメス若虫(走査型電子顕微鏡像、標本提供：松原始博士)。
●コナダニ類 Trouessartiidae sp.

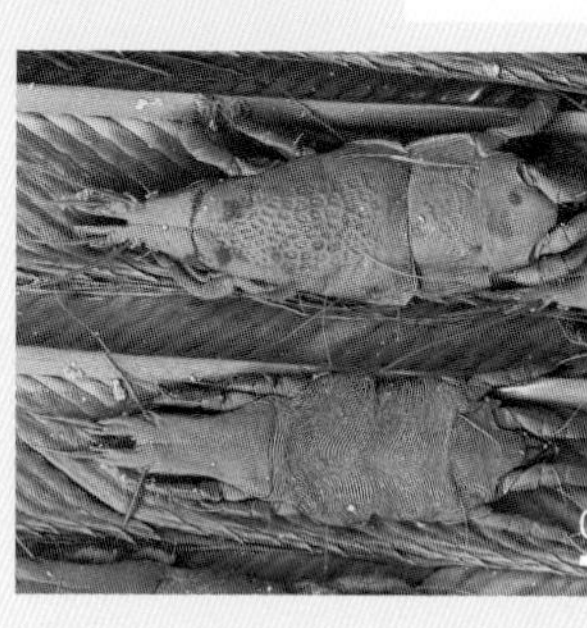

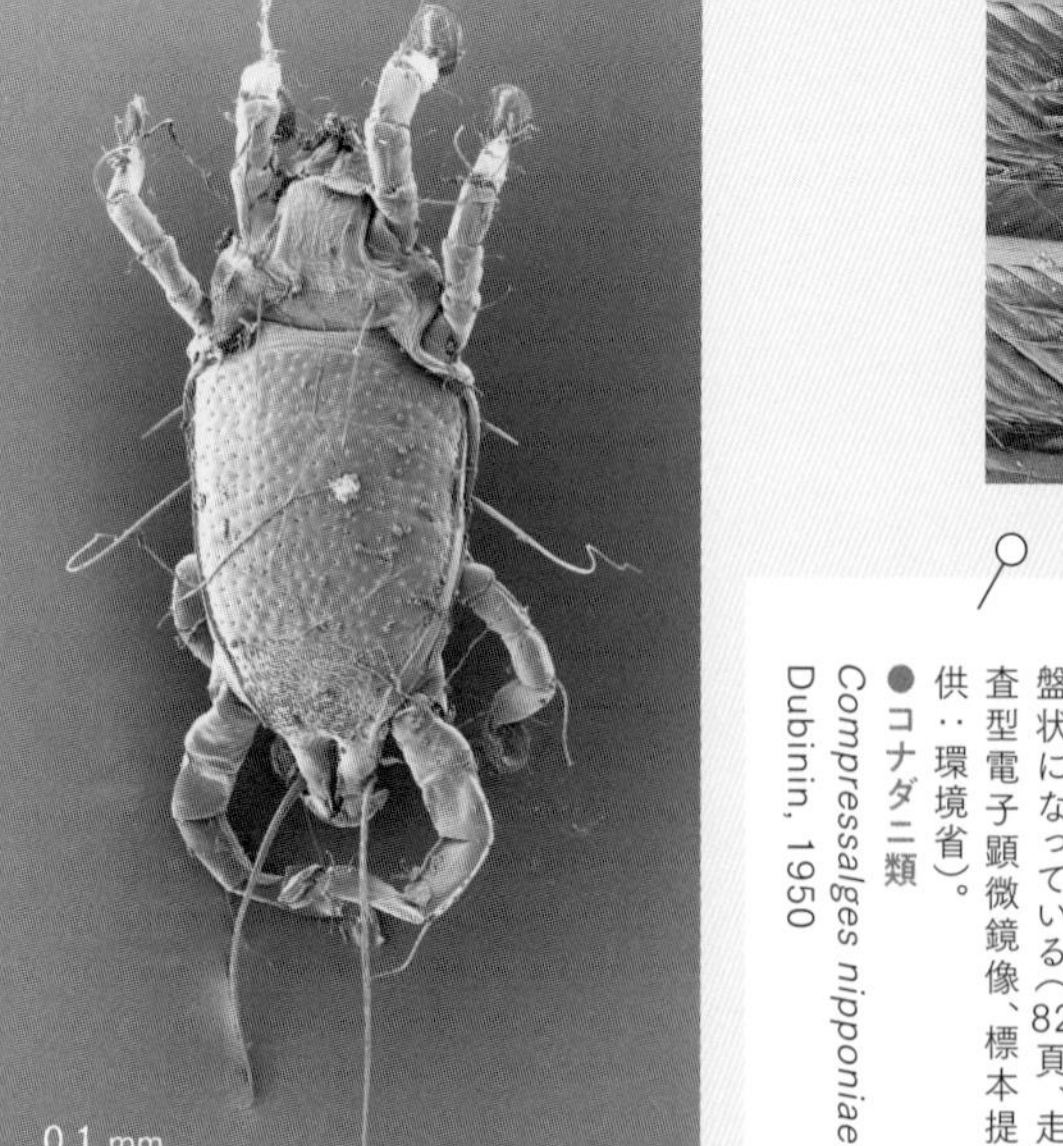

トキウモウダニ。脚の先端は、羽にしっかり捕まるために吸盤状になっている(82頁、走査型電子顕微鏡像、標本提供：環境省)。
●コナダニ類
Compressalges nipponiae Dubinin, 1950

キジ*Phasianus versicolor* Vieillot, 1825（左）とトキ*Nipponia nippon*（Temminck, 1835）（右）。トキは日本を代表する鳥の1種ではあるが、日本の国鳥はキジ（写真提供：環境省）。

キ色で新潟行きの上越新幹線だ。トキの羽は本当に美しい。

　トキの学名の綴りは、*Nipponia nippon* であり、日本の名前を冠した日本を代表する鳥の1つでもあり、『日本書紀』にも登場する。天皇陵の陵墓名として桃花鳥田丘上陵（つきだのおかのえのみささぎ）と記されているのだ。トキウモウダニの学名にも、*Compressalges nipponiae* としてトキの学名から派生したニッポンの名前がある。

　トキは、日本全国に広く分布する。弥生時代に日本全国に水田が広まることにともなって、水田環境で餌をとり生活するためトキも増えたらしい。

『古事記』『日本書紀』に見える古代神話では、日本を『豊葦原瑞穂国（とよあしはらのみずほのくに）』と呼ぶ。豊かな広々とした葦原と、みずみずしく美しい稲穂が実る国は、神話の時代からの日本の風景であり、そこには、美しい淡紅色を帯びた白色のトキが舞っていたことだろう。

　しかし、日本では２００３年に最後の日本産トキ「キン」が死亡し、日本にいたトキは絶滅してしまった。学名が日本の名前であるのに。

野生生物の保全のための「日本の絶滅のおそれのある野生生物」の一覧であるレッドリスト（環境省編）がある。トキはここでは、「野性絶滅（本来の自然の生息地では絶滅したものの飼育下などでのみ生息している状態）」とされていた（現在は絶滅危惧ⅠA類）。これは、その後、日本の佐渡島の佐渡トキ保護センターにおいて中国産のトキをもとに人工繁殖を行っていたためである。2008年秋からは100羽を超えるトキが放鳥された。そして、トキは日本の空に戻ってきたのである。

レッドリストには「その他無脊椎動物」というカテゴリーがある。種数の多い昆虫を除き、そのほかのクモガタ類や甲殻類などを含む生物群の絶滅が危惧される生物群がリストにされている。ダニはこのカテゴリーに該当する。そして、この「レッドリスト・その他無脊椎動物」で唯一、野生絶滅とされていたのが、トキウモウダニ（コナダニ類●）なのだ。

宿主のトキの学名ニッポニアを、自らの学名にいただいたウモウダニは、宿主特異性が高くトキにしかつかないとされていた。トキと同様に日本、韓国、中国、ロシア（ウスリー川流域）に分布していると考えられてきたのだ。日本の空に戻った中国産のトキだが、僅かに得られた機会でそれらの羽を観察しても（放鳥されたトキを捕まえ羽を得るのは非常に困難な作業のため）、トキウモウダニは見つけられていなかった。トキは日本の空に戻っても、トキウモウダニは忘れ去られてしまうのか、もう少し入念な調査が必要だと思い続けて、ようやく2020年、僕たちはこのトキの再調査をした。

トキの再調査といってもトキの羽根についているウモウダニの調査である。日本最後の個体メスの「キン」と、最後のオス「ミドリ」の残された羽根と、可能な限りの現在の中国由来のトキ個体を調査した。

結論を先にいってしまうと、この調査によって、2003年に最後の日本産トキ個体「キン」が死亡したと同時に、トキウモウダニという ダニも絶滅したことが明らかになった。つまり佐渡に放鳥されている中国

桃花鳥あるいは朱鷺とも書かれるトキ。飛翔するときに広げた羽はひときわ美しい（写真提供：岡久雄二博士）。

由来のトキ個体からはトキウモウダニはまったく見つからなかった。中国由来のトキ個体の羽根621枚からは、1万7800個体の別種のウモウダニが得られたがその中にトキウモウダニは1個体も見つからなかったのだ。そして、この調査結果からトキウモウダニは「絶滅」ランクへ変更された。

1種が絶滅する意味

トキはコウノトリ目トキ科の鳥で、トキ科には1属1種のトキだけが属している。また、トキウモウダニのほうもほかのウモウダニに近縁な種がおらず1科1属1種である。トキもほかのコウノトリ目の種とは独立して進化したわけだが、トキウモウダニのほうも、トキと一緒に独立して進化してきたのであった。長いあいだトキと共に進化したダニは、日本のトキが絶滅すると同時に絶滅して地球上からいなくなってしまったわけだ。

生き物が1種絶滅するということは、その生き物と共生している生き物も絶滅することになる。例えば、環境省版レッドリストに掲載されている絶滅危惧ⅠB類のアマミノクロウサギを特定の宿主としているダニであり、決して人間には悪さはしない絶滅危惧Ⅰ類のクロウサギワルヒツツガムシ、ナカヤマタマツツガムシ（いずれもケダニ類●）も絶滅に瀕している。

生物には多くの寄生者や共生者が生活している。多くのものは、その宿主よりも脆弱で、宿主が仮に生き残ったとしても、それらと共に、長い時間をかけて共に進化してきた生物は、地球上から容易に姿を消していってしまう。地球上の長い進化の時間の結果生まれてきた生き物たちの多くが、近年ごく僅かな期間に次々と失われているのが、現実なのである。

一歩、マクロに引いてみると、絶滅危惧種たちが絶滅をする生態系、地球上の環境で彼らと共存している人類も、気候変動によって自ら危機にさらされようとしているのだろう。

ブータンのシロハラサギ保全

遙かヒマラヤの世界一幸福な国、ブータン王国では25羽になってしまったシロハラサギの保全に生物学者として支援をはじめた。日本のトキが野性で生きていけなくなったのは、１９６８年にトキの営巣地の上空にヘリコプターを飛ばし空撮を行った結果、翌年にその営巣地を放棄し離散してしまったことが原因だという説がある。

ブータンの25羽のシロハラサギは、ダム建設によってその営巣地を追われ生息地を変えた。まさに当時の日本のトキと同じ状況にある。このシロハラサギを救うために各国が支援をしているが、日本チームもこれに加わることは決まったが、今後、より本格的な支援を行いたいと考えている。

歌手のさだまさしさんが1982年に発表した「前夜（桃花鳥）」という歌がある。桃花鳥はトキと読み、僕が中学生の頃に流行った曲だ。歌詞の内容はだいたいこういうものだった。

「トキが7羽に減ったしまったと新聞の片隅に記事がある、たぶん、僕らが生きているあいだに地球上から姿を消す」「わかっているが、そんなことは小さな出来事で、君には明日の僕たちの献立のことのほうが大事だ」と歌い上げる。

この歌を聴いた中学生の僕はもどかしい思いと、世間の人々の日常に静かな怒りさえ覚えた。もちろん、さだまさしさんも、状況を肯定しているわけではなく。この歌を通したメッセージがあったのだと思う。

調べてみると、さだまさしさんが歌われている7羽とは、中国で1981年に残っていた数であるという。当時、日本には野生下では5羽にまで減っていたのを人工飼育にするため全羽捕獲となり（1981年）、すでに保護下にあるキンと合わせて日本産トキは6羽だけとなっていたらしい。

この日本産の6羽は絶滅してしまったが、日本も中国に協力し、中国のトキは個体数を回復。現在では、中国の3県、韓国、そして日本でもこの中国産のトキが放鳥されるようになり、日本では中国から提供された7羽のトキを始祖として人工飼育に成功、100羽を超えるトキが放鳥された。現在、日本のトキの個体数だけでも飼育個体と自然に生息している個体をすべてあわせると推定450羽を超えているという。

日本産のトキもトキウモウダニも絶滅してしまったが、遠くヒマラヤのブータンの25羽のシロハラサギの絶滅は救いたいと考えている。

ブータンでは、若い研究者たちのプロジェクトが3年前にようやくはじまった。彼らは1年のうち300日をシロハラサギの調査に使う。

トキの放鳥が成功した背景では、トキの幼鳥は実は土壌性のミミズ、昆虫類なども食べるのだということ

ブータン王国では25羽になってしまった絶滅危惧鳥シロハラサギ。英名はWhite Bellied Heron、学名は*Ardea insignis* Hume, 1878(写真提供:Pema Khandu氏〔ブータン〕)。

が解明され、成鳥の餌が棲む河川だけではなく、森林も合わせた環境保全が大事だとわかったのが成功の鍵だった。

まったく同じで、ブータンの研究者たちの努力によって、２０２０年にはじめて、シロハラサギが食べる魚の種類がわかり、また、捕食行動の時間帯や季節の推移などもわかってきた。最後の25羽のシロハラサギを日本のトキと同じ運命をたどらせてはならない。日本のノウハウが活かされるよう、僕たちの地道な支援もようやくはじまったばかりである。

秋のダニ、冬のダニ、雪の下のダニ

秋が深まり冬になる
彼らはどうしているのやら

秋に葉を落とした植物は寒い冬を堪え忍びながら、何もしていないわけではない。冬のあいだに次の春に備え、新しい葉をコツコツと準備し、気温が少しずつ暖かくなるにつれて、新芽を大きくし、春になると一息に葉を展開して、春の日差しで光合成をはじめる。

それでは冬のあいだ、野外のダニはどのような生活を送っているのだろうか。ダニの冬の過ごし方は大きく分けて2つある。

カベアナタカラダニ（ケダニ類●、8頁）のように卵で冬の季節を休眠で過ごすものは、卵のままコンクリートの屋上のカベの割れ目などで、じっと冬を堪え忍び、春に暖かくなってくると卵から孵化する。ちょうど木々が芽吹く頃に、幼虫が活動をはじめ、野草が開花し花粉を飛ばすようになると、元気にカベの上で歩き回るようになる。

一方、ダニのままで冬を過ごす物もいる。北海道、釧路湿原に一面に生えているヨシの中で生活しているダニだ。ラムサール条約湿地にも登録されている北海道の釧路湿原の冬は極寒だが、彼らは平気なようだ。

ヨシはイネ科で、おもに湿原などの水の周囲に中ほどまで水に浸りながら生えている。水鳥の隠れ家にもなるし、昔は家の茅葺き屋根というものがあったが、その材料に使われたりもした。

ホコリダニ科の一種（ケダニ類●）は、夏時期にはヨシの葉や茎の比較的上部で植物から栄養を摂取している。しかし釧路の冬は長く、また春には雪解けの

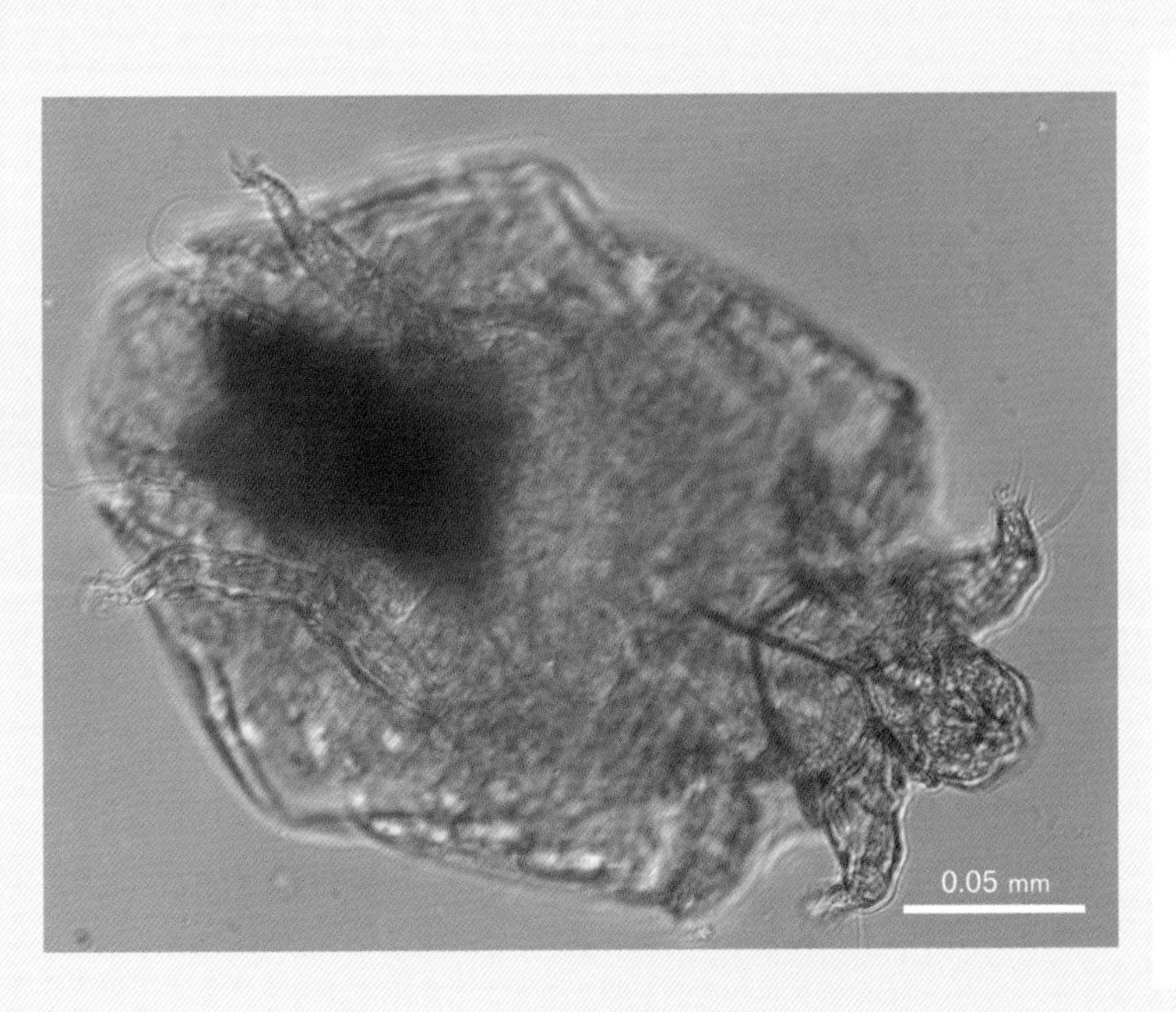

●ケダニ類 Tarsonemidae sp.
ケダニ類（光学顕微鏡写真、標本提供：伊原禎雄博士）。
以前はホコリダニ亜目という独立した分類群だったが現在はホコリダニ科の一種。極寒の釧路湿原のヨシの茎の中で生きる。

水が轟々とヨシのあいだを流れる。そこで、このホコリダニ科の一種は、冬がくると、茎の中に深く潜り込む。イネやススキを想像してほしい。英語でストロー（straw）というと、ジュースなどを飲むプラスチック製のものだけではなく、このような中空のイネ科の植物の茎をさすことがある。寒くなってくると、このダニたちは中空のヨシの茎の中を根の方向に深く潜るのだ。このようにして、外気の寒さと春の雪解け水をやり過ごすのである。

イネ科の植物は、幼葉を茎の内側で形成してから展開するのだが、毎年春先になると、ヨシの葉っぱが縮れている。それを調べてほしいと、僕にそのヨシが送られてきて、こんな釧路湿原の極寒でのダニの生態が明らかになった。

雪の下のダニ

釧路湿原ほどではないが、本州でも雪が降ったら土の中のダニたちはどうなるのだろうと疑問に思ったことがある。森の土壌にも霜柱が見られることも寒い地方ならよくあることだ。そのとき土の中のダニたちは生きているのだろうか。どこかでうまくやり過ごしているのだろうか、あるいは、すべて死滅してしまうのだろうか。

実は、スポーツの中でスキーだけは、そこそこできると自分では思っている。ある年の冬、長野県にスキーに行ったときに、ササラダニ類（●）のことが気になったので雪を掘り起こしてみた。雪と土壌の境界部分を採取し袋に入れて、そこからはスキーのことはすっかり忘れて、〝ダニモード〟。車に乗せて、大事に持ち帰り、ツルグレン装置というダニ抽出装置（43頁）に入れてみた。

装置の都合上、土壌のダニは生かしたままにする必要があるので、暑い夏には土壌が暖まらないように細心の注意をはらうことは前に書いた。また、土壌をポリ袋などに入れて密閉させてしまうと、土壌の中の微生物が呼吸をする酸素がなくなりササラダニたちも死んでしまう。そうなるとツルグレン装置に入れても、ササラダニや他の土壌動物もまったく落ちてこない。土壌から土壌動物を得るためには、土壌内の動物たちを生かしたまま持ち帰ることに神経を使うのだ。

雪の下の、新鮮な落ち葉と土壌の境目に、ガイコツのようになった葉っぱがあるのは、ササラダニたちがそこで落ち葉を分解していたからだ。その落ち葉の部分がササラダニを得るために必要になる。雪のすぐ下の新鮮な落ち葉と土壌の境目部分は、スキー場で確かに凍結していたので、ツルグレン装置からササラダニたちは落ちてくるだろうか。もし、落ちてくるとしたら、ダニたちが凍結した土壌でも生きていたことになる。

次の日、ツルグレン装置の下に置いた瓶の中をのぞくと、たくさんのササラダニやトビムシがいた。つまり、雪の下の凍結した土壌でもササラダニやトビムシは生きていたことになる。

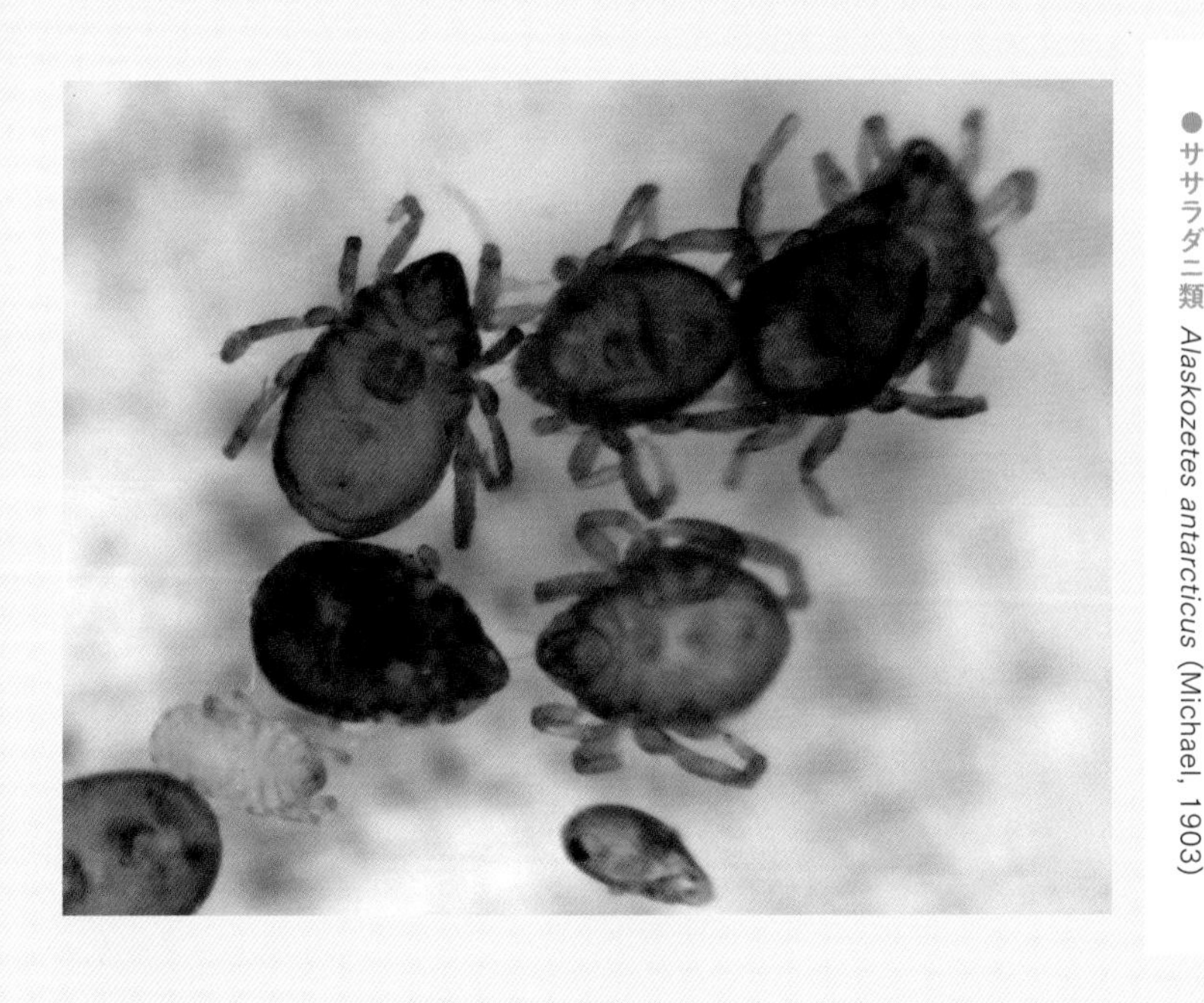

南極大陸にあるキングジョージ島で採集された土壌ダニ。オングルトビダニと同時期に日本隊によって採集された（光学顕微鏡写真、標本提供：国立極地研究所）。
●ササラダニ類 *Alaskozetes antarcticus* (Michael, 1903)

昆虫の中には、体内に糖分としてグリセリンなどを貯めて、それが不凍液の代わりになって、外界が凍結しても昆虫自身は凍結しない仕組みになっているという。ササラダニについてのそのような論文をまだ見つけられていないが、おそらく同じような仕組みをもっているのだろう。

先日、アルゼンチンの友人から南極圏のササラダニの標本を借りた（上の写真と同種）。南極圏の短い夏のあいだにも、海鳥がはき出したペリットからササラダニ類（●）がたくさん得られたのだという。日本の昭和基地からもオングルトビダニというケダニ類（●）の仲間の記録がある。

日本の寒い冬でも土壌の中のササラダニたちは、凍った森の土の中でもじっと春が来るのを耐えて暮らしているのだろう。もっとも雪の下は温度がそれほど下がらないとも考えられるが、太平洋側の雪が降らない森では土壌が凍ることも多い。そんな森でも豊富にササラダニが生きているその仕組みをいつか解明する研究もしてみたいと思っている。

チョウシハマベダニ。Twitterで偶然見つけた同種の写真のツイートがきっかけで、一般の方と僕たち研究者が新種として記載した。学名はTwitterにちなんで。
●ササラダニ類 *Ameronothrus twitter* Pfingstl & Shimano, 2021

ツイッターで新種発見

冬のある日、SNSのTwitterを見ていた僕は、投稿された一枚の写真に釘付けになった。北海道以南では報告のないハマベダニ属のダニが、いるはずのない千葉県銚子で撮られた写真に写っていたからだ。2日後の早朝にはまだ寒い銚子へ行き、投稿者の指示を受けて無事にダニを採集した。本種は寒い季節にだけ集団になるという特殊な生態があるので投稿者の目に止まったのだった。後日、僕たちの研究チームが新種として記載した。

ダニ学者の冬の過ごし方

ダニ学者の秋冬の〝生態〟についても触れておこう。過ごし方はもちろん、その人による。フィールドでたまったダニの標本の整理の季節であり、また毎年1月に桜が開花する沖縄で過ごすこともあれば、気候が穏やかで雨も少ないタイ南部の僕のフィールドで過ごすこともある。

ただ、冬はダニにまつわるイベントが少ないので、なにかできないかと考えている。最近、語呂合わせで、6月4日を「ムシの日」などといって、虫供養をするイベントが行われている。解剖学者で作家の養老孟司さんが、鎌倉の長建寺で開催されるのが恒例になってきた。

僕も出席したことがあるのだが、これだけダニを殺して標本にしてきたのだから、ダニ供養というのもせねばなるまいという気持ちになってきた。すると何日がいいだろう。「ダニ」だから「D２」というのはどうだろう。December 2th ＝ 12月2日がいいのかもしれない。クリスマスの季節がはじまるこの時期に「ダニの日」。なんだかピンと来ないので、未だにダニ供養を行う気にならない。ただ、せっかくなので、「ダニの日」には極寒の釧路湿原のヨシ群落で生きている、ホコリダニ科の仲間に会いに行ってみたいと思っている。

世にダニの種は尽きまじ

さよならは半分だけ、
またきっと会えるから

「浜の真砂は尽きるとも世に盗人の種は尽きまじ」

安土桃山時代に実在した盗賊石川五右衛門の辞世の句とされているもの。歌舞伎などにもでてくるからご存じの方も多いだろう。海の砂浜には、無数の砂があるが、たとえその砂（真砂）がなくなってしまったとしても、人がいる限り、世の中に泥棒がいなくなることはないだろうという意味だ。

もしダニを研究することが「悪」の時代があって、そこに僕が居合わせてしまい、捕えられ釜茹でされたとしたら…、

「浜の真砂は尽きるとも、世にダニの種は尽きまじ」

人がこの世に生きている限り、ダニとのつきあいは切っても切れるものではない、と僕は最期の一句を詠むだろう。根拠はある。

人間がいるところ　常にダニはいるもの

例えば、人間の腸内細菌は1〜1・5キログラム。大腸菌なんていう名前を出すと「臭そう」と顔を背ける人もいるが、その大腸菌やらなにやら、大きな牛乳パック1個分のいろんな微生物を僕たちはつねに身体の中に飼っているのだ。

腸内細菌は、人にとっていいのだから仕方がないという見方もあるだろうが、腸内細菌にだって善玉菌と悪玉菌がいる。同じように、人のそばにはいつもダ

©2010-2021 Kenji Nishida / Web National Geographic Japan
(©Nikkei National Geographic Inc.)

皮膚の上を歩いているツツガムシ科の一種の幼虫（コスタリカ産）。人を刺すのは幼虫のみで、リケッチアを保菌している0・3〜3パーセントのツツガムシが人を刺したときだけツツガムシ病になる（写真提供：西田賢司氏）。
●ケダニ類
Trombiculidae sp.

人から数日間吸血中のマダニ科の一種の幼虫。幼虫の脚は3対（6本）で、脱皮をして成虫になると4対（8本）になる（写真提供：宮城秋乃氏）。
●マダニ類
Ixodidae sp.

ニがいて、わるいダニもいれば、いいダニもいる。

人間の皮膚は、昼間に約1グラム、夜間に2〜3グラム、1日に4グラムとして1週間で約28グラムだから、小さめのポテトチップス約1袋分が剥がれ落ちているそうだ。毎日お風呂に入っていたとしても、人でいる限り、多かれ少なかれ皮膚ははがれ落ち、それがダニの餌になる。人がいるところ、常にダニがいるのは、こういうわけだ。

室内にはダニがいるのだから、壁に掛けてある洋服にもダニはいる。彼らにとって世界は2次元なので、床にいるダニは壁にもいる。着ている洋服を注意深く洗濯して、その水を確認すると、学生服などから数十個体のダニが見つかったこともある。だからといって、それがすぐに病気やアレルギーに結びつくわけではない。

もっとも、マダニやツツガムシといった人にとって悪玉のダニは、やはり困る。吸血したり、病気を媒介したりするようなダニには対策が必要だ。

秋もダニの季節　ちょっとした対策のコツ

ダニの被害は暖かくなった春先から夏だけだと一般的に考えられているかもしれない。しかし、秋もダニのシーズンなのだ。埼玉県衛生研究所の調査では11月にもマダニに刺される被害がある。紅葉の行楽シーズン、あるいはキノコ狩りの季節に、森に入るときに油断することもあるのだろう。11月といえども、マダニは元気だ。

もう1つ、ツツガムシの被害も秋に多い。ツツガムシは、自然の豊富な山や森にだけ生息していると思われるかもしれないが、人家のそばでもツツガムシの被害が多い。その原因は人家の周りの石垣などにネズミがいる場合、そのネズミにツツガムシが付着しているのだ。河川敷やススキの原っぱにも、ネズミは生息しているので注意してほしい。

タテツツガムシやフトゲツツガムシという種類は10月から11月にかけて増え、それにあわせて、10月から11月にかけてツツガムシ病の患者も増えている。

実はツツガムシにも流行があるらしく近年はこのパターンが少し崩れているらしい。しかし、依然として、秋も注意する必要があることに変わりはない。中秋の名月、秋のお花見の季節、ススキは美しく、自然を楽しむにはいい季節だが、ツツガムシに少し注意を向けてほしいのだ。

秋の少し肌寒い季節、藪に入るとき、草刈りをするとき、小動物やタヌキ、シカなどがいる場所に行くときには忌避剤などを使い、衣服の袖や裾をガムテープで止めるなどして、マダニとツツガムシへの対策をとると効果がある。

わるいダニには適切に対応して、上手につきあうしかない。これは、腸内細菌と同じこと。気持ちわるい

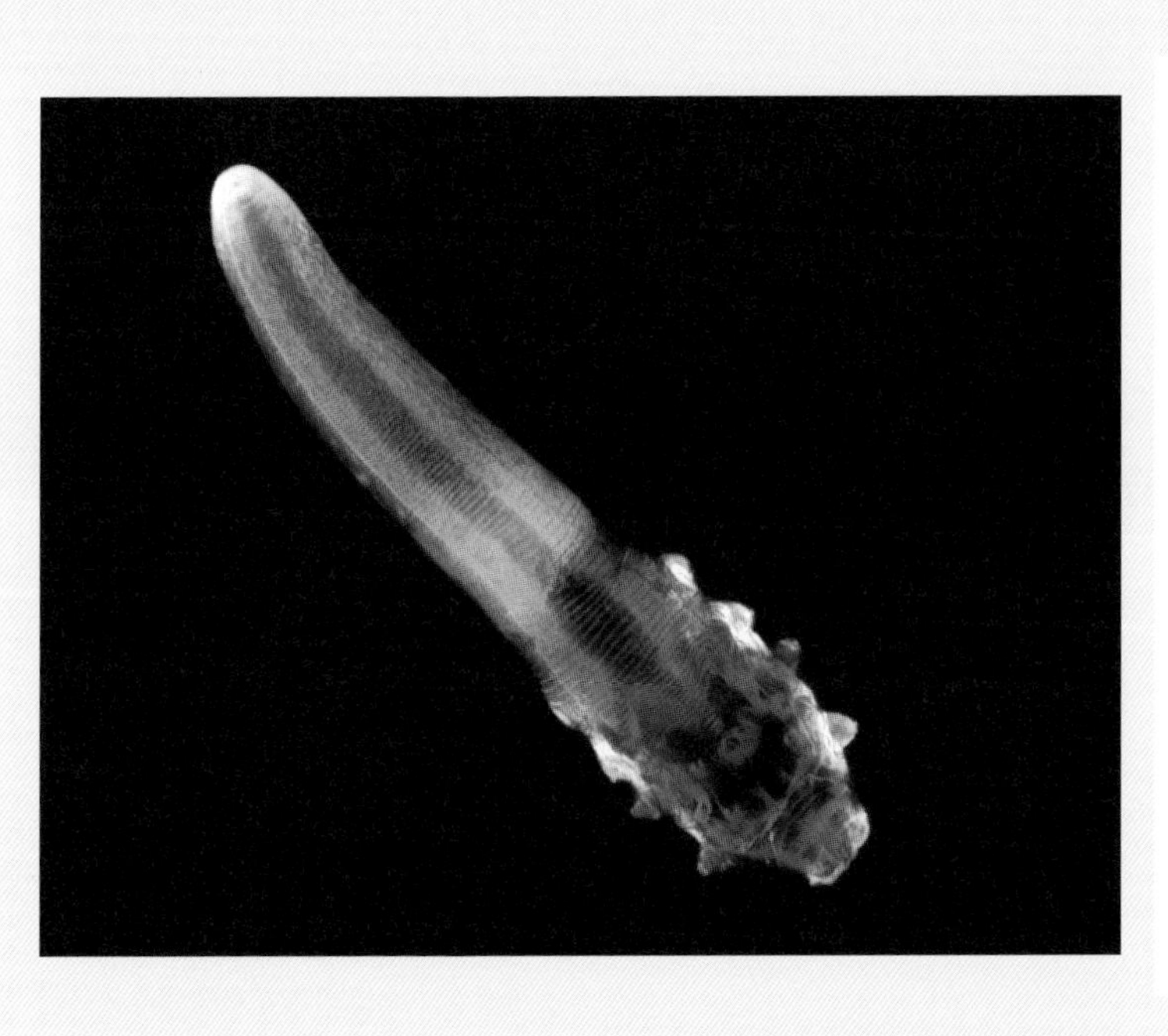

●ケダニ類　*Demodex* sp.
ニキビダニ属の一種。肛門がない。必ずしもニキビに寄生するわけではなく、健康な皮膚から普通に検出される。頬ずりで感染する。体長約０・３ミリメートル（写真提供：根本崇正氏）。

からといって、腸内細菌を全部取り除いてしまったら人は生きていけない。ダニはいなくなっても人はすぐには困らないかもしれないが、ダニをすべて僕たちのまわりから駆除することは不可能だし、そうする必要もない。

ある調査によると、70パーセントの人間の皮膚にはニキビダニが生息している。しかし、ニキビダニは病気の原因にはならない。ネット上には、「顔ダニ」の名称で、それを取り除くための石けんが売られているが、ニキビダニは病気の原因にならないのだから買う必要はない。

なぜ嫌いになるのか　その理由を探してみた

先日、僕の部屋にゴキブリが出た。僕は「キャー」と小さな悲鳴をあげて、すかさずスリッパでたたきつぶした。

「あれ？」

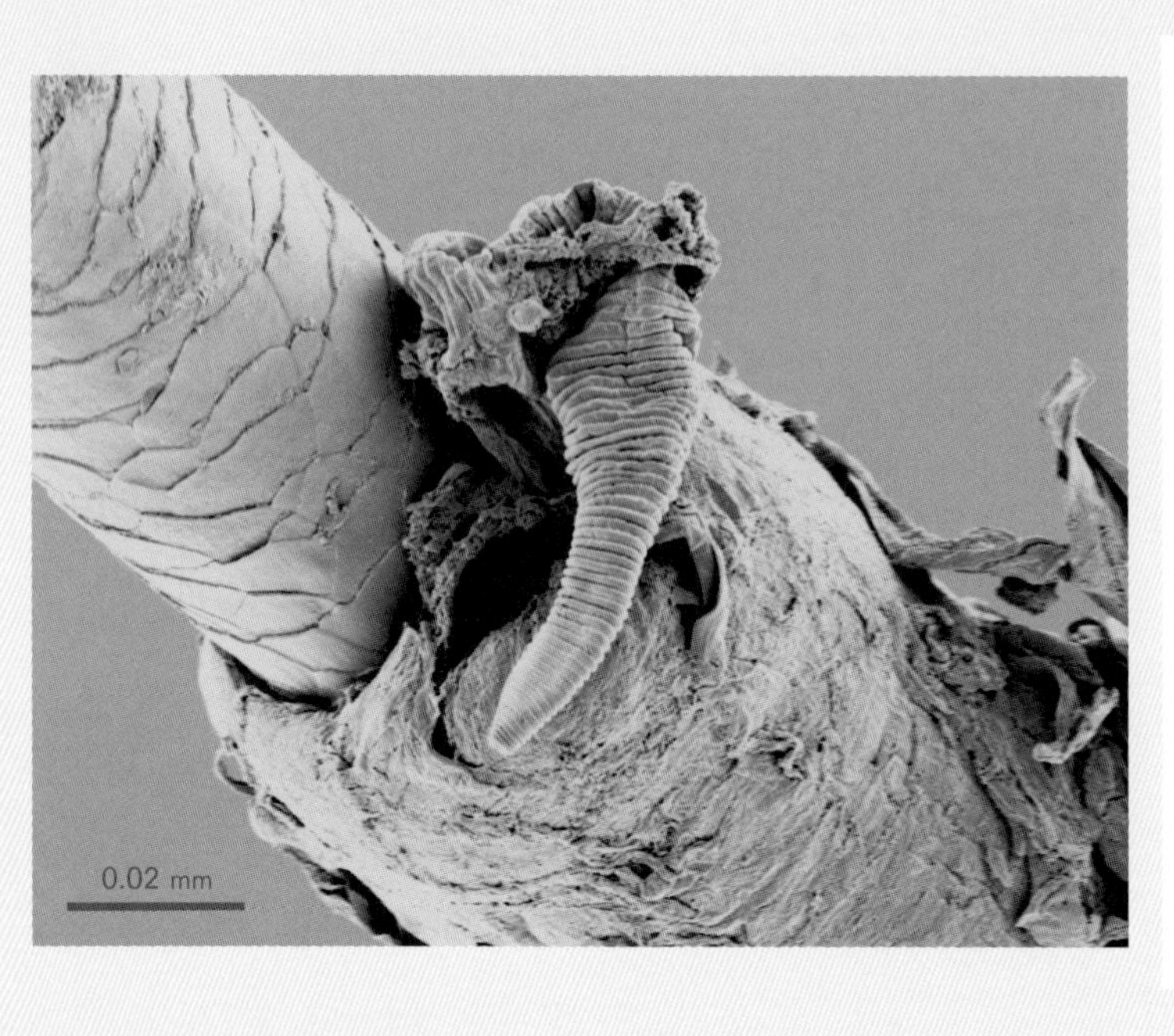

マツゲの根元の脂肪部分から出ているのがニキビダニのお尻。ニキビダニがいるので炎症になるのではなく、不潔なので炎症になると考えられる（走査型電子顕微鏡像、標本提供：加治優一博士）。
●ケダニ類 *Demodex* sp.

少し冷静になってみると、僕の頭の中にクエスチョンマークが浮かんだ。

「なぜ、僕はゴキブリに驚いたのか？」

たたきつぶしたゴキブリを摘みながら、自分の気持ちを客観的に見つめてみた。

ゴキブリが出現する前までは、部屋の中にいたのは僕一人だと思っていた。しかし、突然ゴキブリが出現したので、僕以外の生き物がその部屋にいることに気づいて驚いた、ということのようだった。ならば、僕しかいないと思っているこの部屋にダニはどのくらいいるのだろうと考えてみると、少なくとも1000匹くらいはいるはずだ。

「心が和む〜」

いやいや、普通の人なら、部屋にダニが1000匹いるほうが恐いのではないか。部屋で一人、くつろいだ時間を過ごしているときに、すぐそばにダニがいる。しかも大量に…。誰でもきっと驚くに違いない。

僕が大学生活の一人暮らしをはじめたとき、実際に室内ダニ大発生事件を経験したことがある。当時新築のアパートの、海外から輸入されたイグサでつくられた畳からダニが大発生したときの細かい描写は、いつか別の機会にするが、とにかく、部屋の中には無数のダニがいたのだ。そのダニを完全には駆除できないのだから、僕たち人間は彼らと永遠につきあっていかなければならない。青い空、白い雲、ひろがる白い砂浜の砂粒がたとえ全部なくなってしまったとしても、人が生きている限り、人のそばにはダニがいる。

いや、むしろ、ゴキブリもダニも、ヒトがこの世に現れるよりもずーっと前に地球上にいた生き物なのだから、その場所に人が暮らすようになったので、しかたなく人の生活空間で生きていこうとしているのだ。

その証拠に、人が寄りつかない深い森には、家屋に棲むよりもずっと多くの種類のゴキブリやダニが生息している。そして彼らは人とはまったく関係のない暮らしを楽しんでいる。あるものは、朽ち木を食べて、あるものはキノコを食べて生きている。彼らが仕方なく人間と暮らしているのは、人間が彼らの生活空間を著しく狭めてしまったからにほかならない。

ならばきっと、ダニにはダニの言い分があるはずだ。人から一方的に毛嫌いされて、駆除されるのはたまらない。僕としては、ダニと人のつきあいをどうしたらいいのか、両者の声を聞きながら、いい関係をつくっていきたいと思っている。

繁栄するダニの見事な戦略

地球上の生き物のうち、学名の付いた種の数（種数）が、もっとも多いのは昆虫である。脚が６本ある昆虫類に含まれる種数は、90万から１１０万種とされている。その膨大な数の昆虫を正確に数えるのは大変だ。

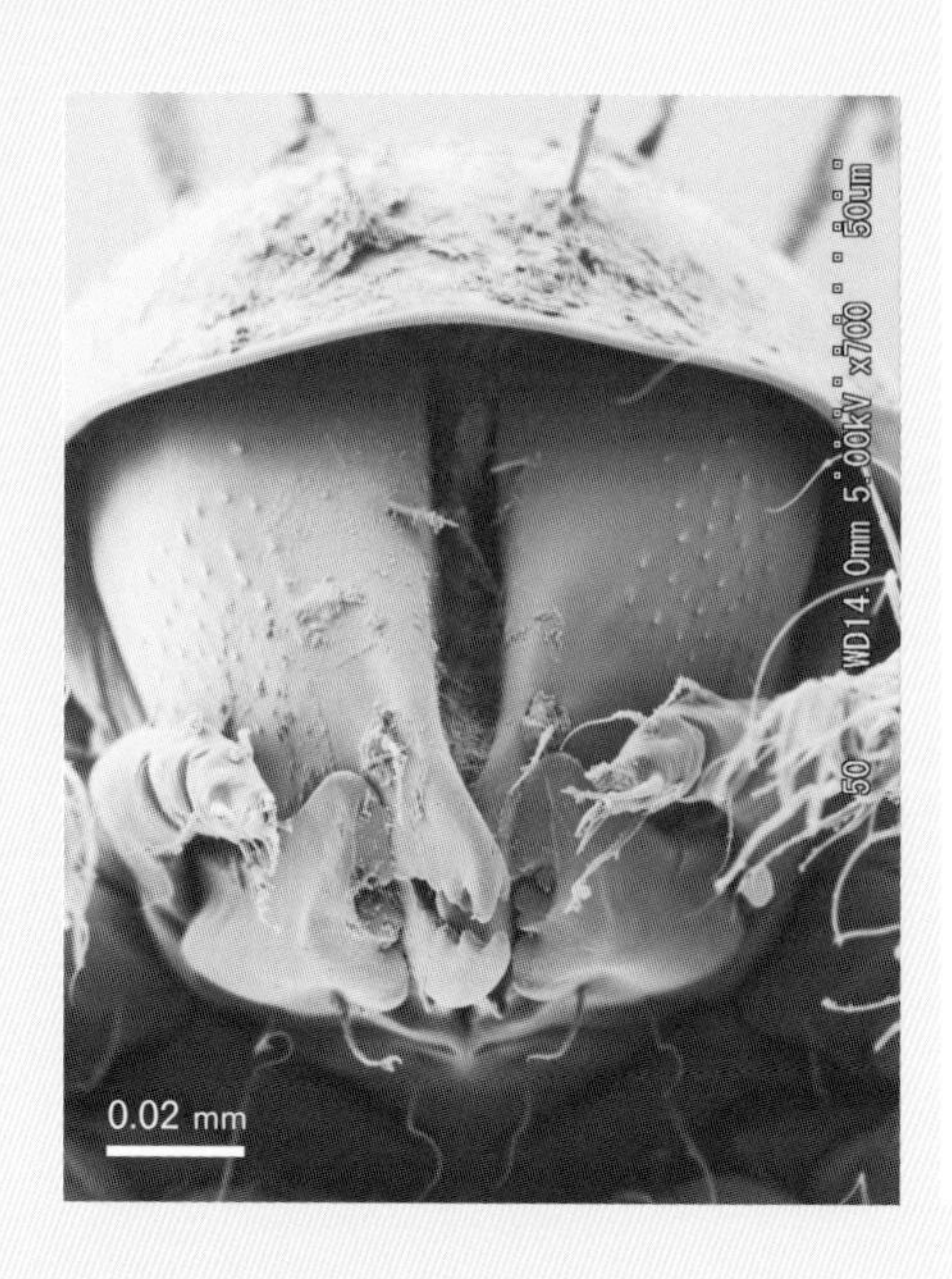

落ち葉を食べるヒメヘソイレコダニの顎。この顎を「鋏角」と呼び、鋏角類の名前の由来となっている。鋏で落ち葉を挟んで左右の不可動な板で押し切って食べる（走査型電子顕微鏡像）。
●ササラダニ類 *Acrotritia ardua* (C. L. Koch, 1841)

したがって推定このくらいということになる。

それでは、動物の中で二番目に種数の多い陸上の生き物はなんだろうか？　はやく答えを知ってほしいので書いてしまうと、それこそが我らがダニである。

名前の付いたダニ類は世界に約5万種。その次がクモ類で4万種だ。ダニ類もクモ類も、脚が8本ある鋏角類に属している。鋏角類の多くは肉食としてほかの生物を捕食する（ダニ類は例外）。

鋏角類は、昆虫が恐竜とともに地上で勢力を拡大する以前は、いまよりさらに大きな勢力をもっていた。しかし、その地位はいつしか昆虫に取って代わられ、ダニ類とクモ類以外は種数を大きく減らして現在に至る。

昆虫は恐竜とともに繁栄して（ゴキブリなどは恐竜よりも古い時代からの生き残りである）、恐竜が絶滅したあとも（子孫の鳥は生きているが）、地上でもっとも種数の多い動物として君臨しているのだ。

一方、動物の中で二番目に種数が多いダニ類は、

●トゲダニ類 *Macrocheles* sp.
ハエダニ属の一種。昆虫に便乗して腐敗物に到達しハエの幼虫などを捕食する。第Ⅰ脚は周囲の環境を探るために細い（走査型電子顕微鏡像）。

どうやって今日繁栄しているのだろうか。実は、ダニは身体をできる限り小さくすること、また陸上の多くの餌資源を利用するようになったことで、さまざまな環境に適応できるようになった。

例えば、ほかの節足動物を食べるトゲダニやケダニの肉食、ハダニの草食、マダニの吸血、ササラダニの植物遺体（落葉・落枝）食、コナダニの菌・植物遺体食など、あらゆる陸上の餌資源を利用するのがダニの特徴だ。

三番目に種数の多いクモ類は、糸でつくった網の活用で広範囲な昆虫を捕まえて食べる能力を発達させた。地上の昆虫からはじまる食物連鎖の頂点はクモだ。沖縄のオオジョロウグモは、小鳥さえ食べることがあるという。

また、土壌に生息している土壌動物には、昆虫の幼虫なども多いが、これらが成虫になって土壌から飛び立つものもクモの餌食になる。もちろん、土壌にも多くのクモが生活している。こうして考えると、陸上昆虫と土壌性昆虫の食物連鎖の頂点にクモ類が

ミカンハダニ。幼虫、若虫、成虫のそれぞれが葉や果実を吸汁すると、植物の光合成能力が低下する。その結果、果実の品質収量の低下や果実の外観を損なう（写真提供：根本崇正氏）。
●ケダニ類　*Panonychus citri* (McGregor, 1916)

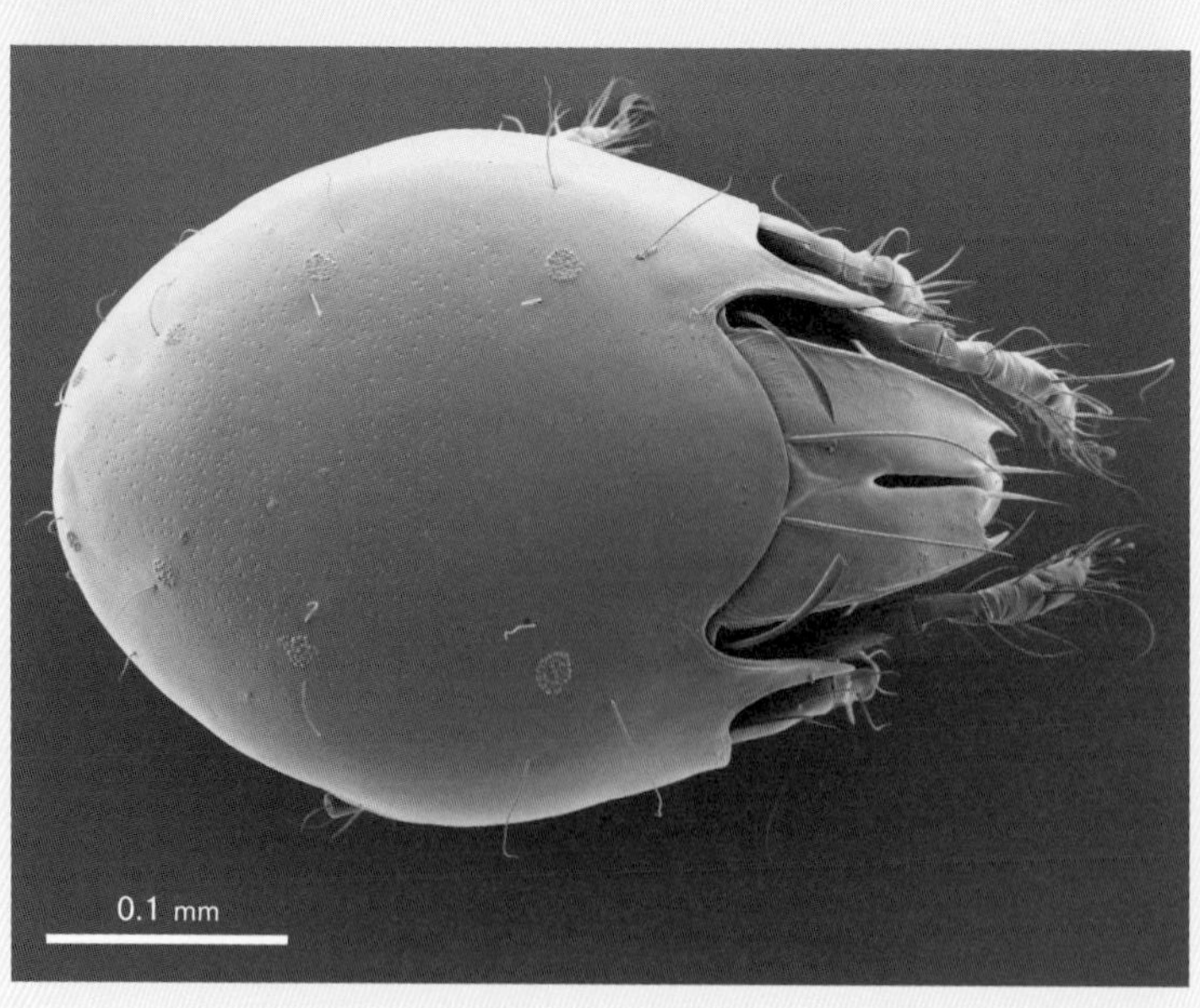

環境のいい全国の森に生息するヤハズツノコバネダニ。背面の４対の背孔には顆粒状の突起があるのが本種の特徴。背孔はササラダニ類では気門の１つ（走査型電子顕微鏡像）。
●ササラダニ類　*Parachipteria distincta* (Aoki, 1959)

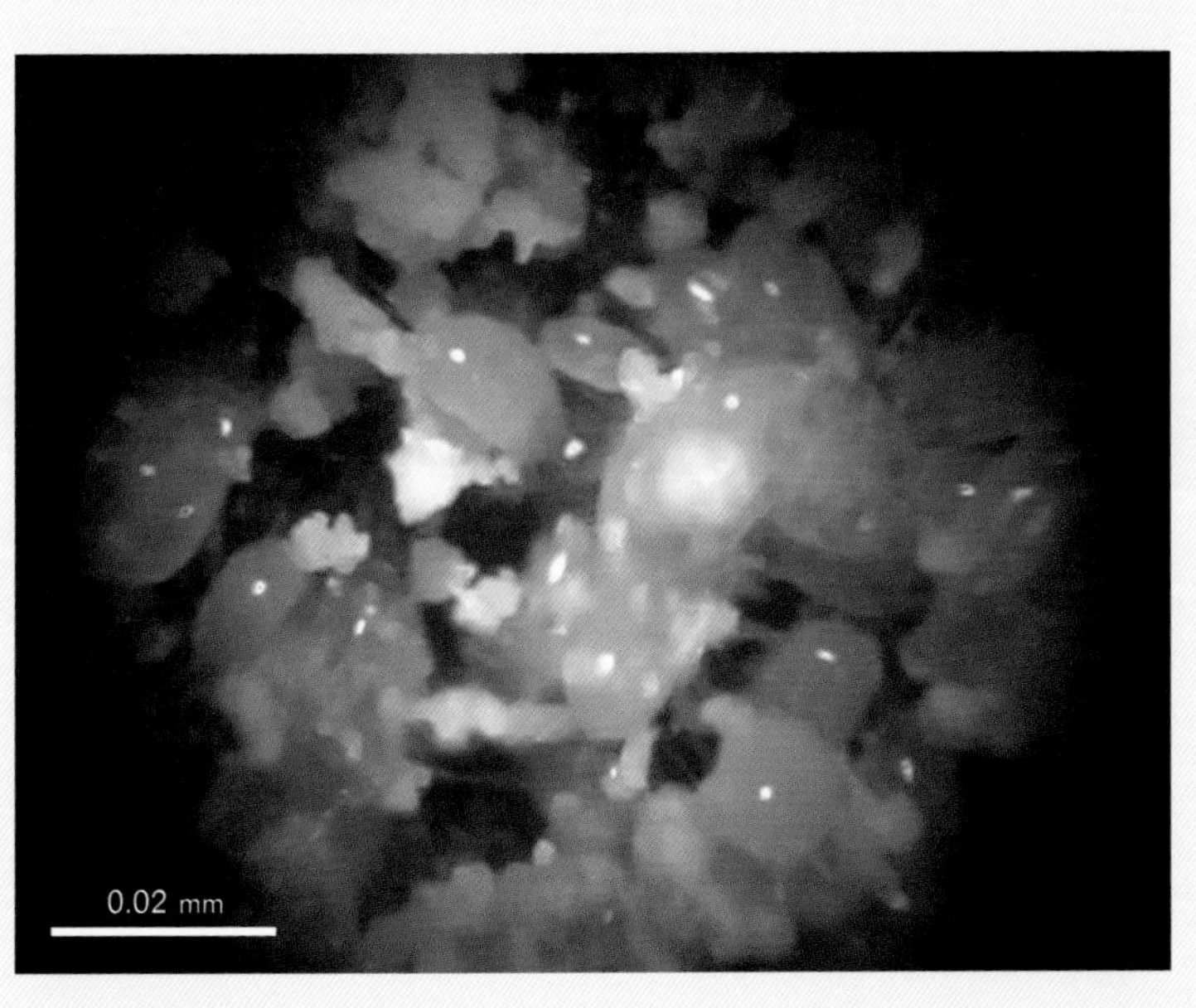

チーズを熟成させるチーズコナダニ。チーズも食べる。ミルベンケーゼの伝統を受け継いだヘルムートさんは、チーズを入れるダニの〝ぬか床〟にライ麦粉を使う（光学顕微鏡写真）。
●コナダニ類　*Tyrolichus casei* (Oudemans, 1910)

いることがわかる。

このように、かつて昆虫によってその地位を奪われた鋏角類の仲間だが、ダニ類とクモ類だけは地球上でも昆虫の次に繁栄し、種の多様性を維持しているのだ。

これほど、多くの種をもっているダニなのに、その研究者は日本でも、世界に目を向けても昆虫やクモに比べて少ない。これは不思議なことではないだろうか？　少なくとも僕は、そんな多様なダニたちに果敢に挑みたいと思っているのだ。

地球には総計870万種の生物が生息しているおり、そのうち、およそ86パーセントが、まだ発見されていないか、学名が付いていない。分類学者たちの数世紀にわたる懸命な努力にもかかわらず、だ。

IPBES（生物多様性及び生態系サービスに関する政府間科学-政策プラットフォーム）は、未知の生物を含む100万種が絶滅危惧種であるとした。僕たち生物学者は生物保全のためにも、一つひとつ学名を付ける作業を進めていく。

part 3

電子顕微鏡写真で見る知られざるダニたちの姿

著者が走査型電子顕微鏡を駆使して撮影したケダニ類(●)の本当の姿をご紹介しよう。

●ケダニ類 Prostigmata

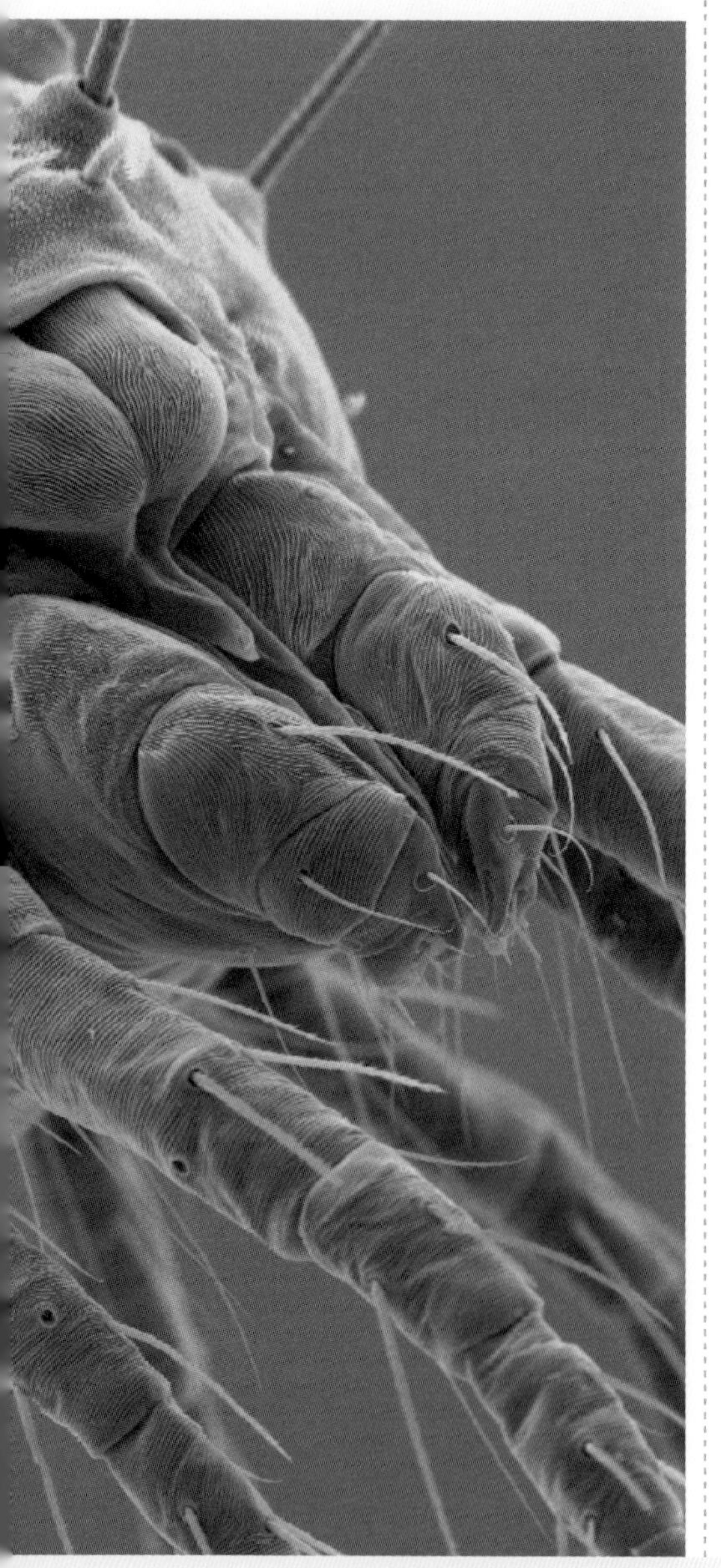

正面｜ミカンハダニ(116頁)。雌成虫は体長0.4〜0.5ミリメートル。世界の柑橘地帯に一般的に生息し、多くの国で柑橘害虫として有名。柑橘類のほかにナシ、モモには普通に寄生、イヌツゲなどにも寄生する。ミカンハダニに食害された葉は、葉緑素が抜け白い小斑点を多数生じ、葉全体が白っぽく見える。多数発生すると葉が落下し果樹の生育に悪影響を及ぼす(走査型電子顕微鏡像、標本提供:北嶋康樹博士)。

【ミカンハダニ】

英名: Spider mites ／ 学名: *Panonychus citri* (McGregor, 1916)

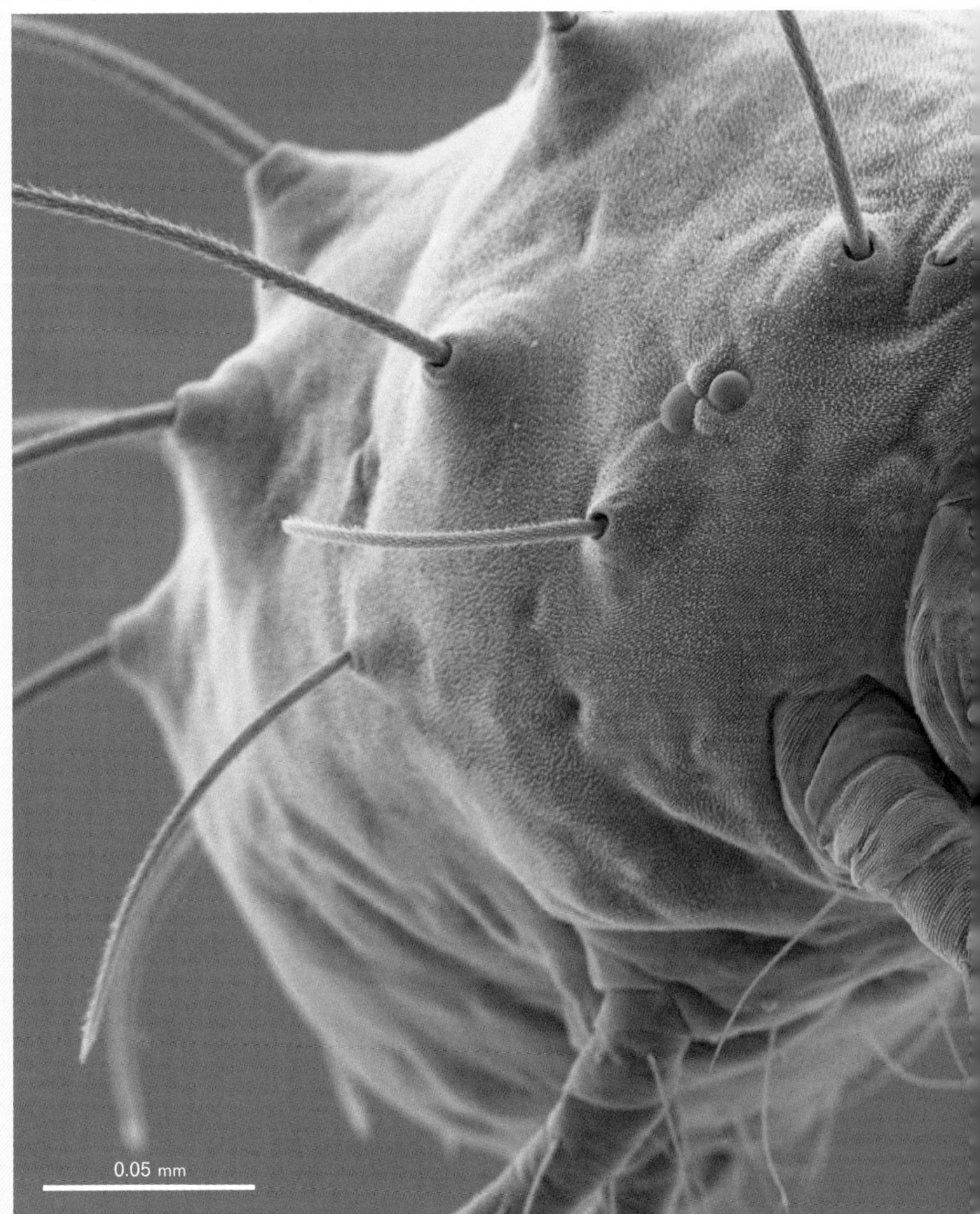

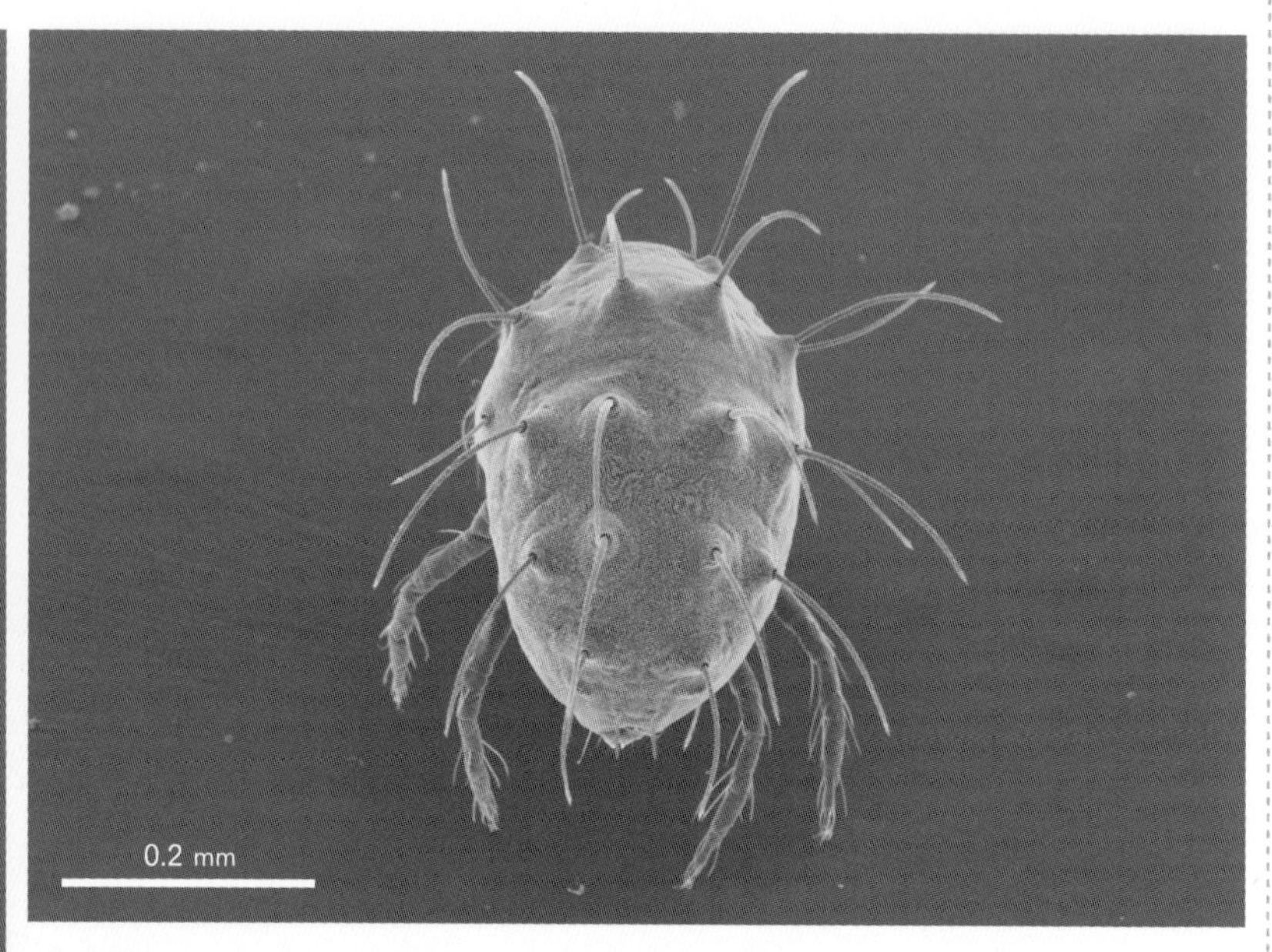

全身(背面)｜13対の太い胴背毛がコブから生えているのは、ミカンハダニを含む*Panonychus*属に共通。後体部後縁の臀毛、あるいは仙毛は背毛よりも短い(走査型電子顕微鏡像)。

右:体表(背面)｜ケダニ類は体表にたくさんの毛があることが基本的な特徴だが、体表面は細かな逆V字構造が走っている。本種ではさらにその構造に細かな波状の彫刻が付与されている(走査型電子顕微鏡像)。

左:全身(正面)｜1対の鋏角の基部内側に気門があり、そこから気管が体内に伸びる。また鋏角は先端に向けて合一、可動部は口針状になり葉を吸汁する。目は2対(走査型電子顕微鏡像)。

0.05 mm

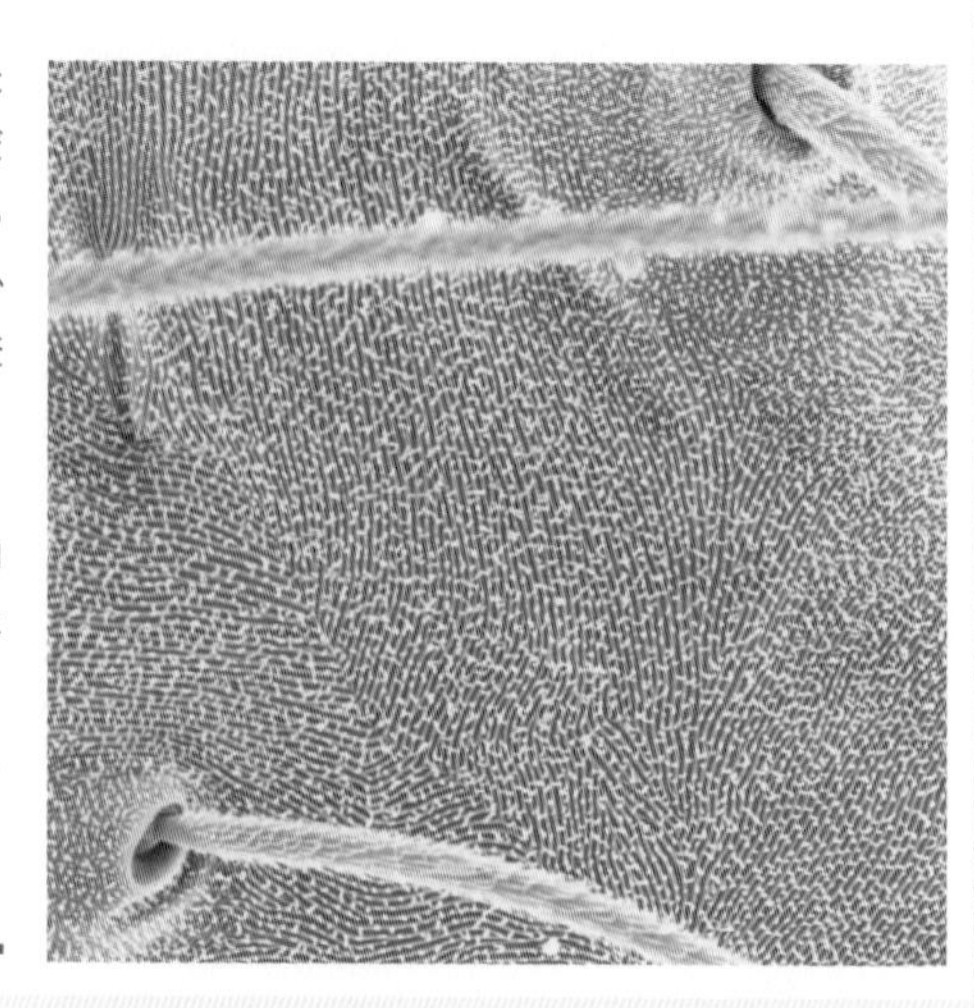

【ミカンハダニ】

英名: Spider mites ／ 学名: *Panonychus citri* (McGregor, 1916)

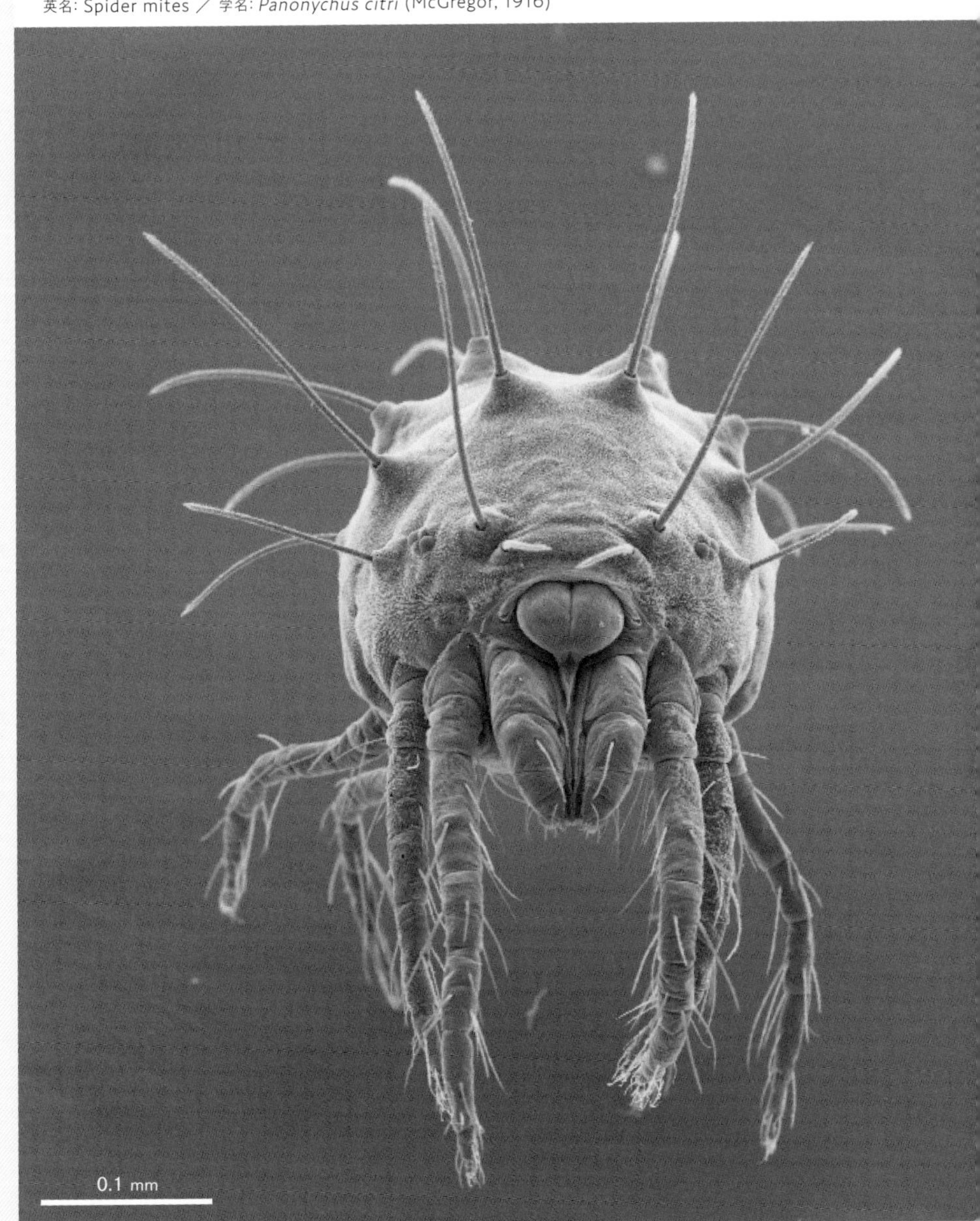

おわりに

東風吹かば　匂ひおこせよ梅の花　あるじなしとて　春な忘れそ
菅原道真公

幼い頃から、梅の花をことさら大切にしてきた菅原道真公が、太宰府に行かなければならなくなった。京の都を去るときに、その大切にしてきた梅の花に、「たとえ私がいなくなったとしても、春が来たらその美しい花をこれからもどうぞ咲かせてほしい」と詠んだ。すると、一晩でその梅の花が、遠く離れた太宰府の菅原道真公のもとに飛んできたという。

動物分類学者は、自分が名前を付けた生物たちを愛している。しかし、たとえ僕がこの世からいなくなったとしても、ダニたちが枕元に集まって嘆き悲しむなどということはない。今後も、未来永劫ダニたちは森の中で、自由気ままな生活を続けていくに違いない。人間が自分に学名を付けたなどと、ダニたちは思ってもみない。

しかし、菅原道真公と動物分類学者に共通するのは無償の愛だ。菅原道真公も梅の花に私のもとに飛んできてくれと思って歌を詠んだわけではあるまい。ダニの分類学者も同じだ。見返りを期待しない無償の愛を、ダニたちに降り注いで毎日を生きている。ただ目の前のダニたちに無償の愛を降り注ぐこと、それが僕に出来るただ1つのことなのだ。

さて、幼い頃、母は僕に「白衣を着た研究者はすてきね」とつぶやいたような気がする。今の僕は研究者にはなったものの、なんとなく白衣を嫌って、顕微鏡を観るときでも、遺伝子実験をするときでも、ついぞ白衣など着たことがない。むしろ、泥に汚れた衣類と長靴で、ジャングルの中を歩き回ることを好んでいる。しかし研究者への道を拓いてくれたのは、母の一言に違いない。母はこの本を見ることなく昨年他界したが、そんな母に心からの感謝を伝えたい。

２０２１年５月　島野智之

【引用文献・おすすめの本】

［引用文献］

○ 夏秋 優(2012)節足動物による皮膚障害－最近の話題－. 皮膚臨床, 54(3): 315–320.

○ 西田賢司(2014) Webナショジオ・連載「コスタリカ昆虫中心生活」第69回「ハチドリは、蜂よりも蛇よりも蛾に似ている」 http://natgeo.nikkeibp.co.jp/nng/article/20140221/384755/

○ 島野智之(2018)(総説)ダニ類の高次分類体系の改訂について ー高次分類群の一部和名改称 ー. 日本ダニ学会誌, 27(2):51–68.

○ 島野智之(2018)(総説)なぜダニ類はクモガタ類の中で最も種数が多いのか? タクサ(日本動物分類学会和文誌), 44:4–14.

○ 島野智之・脇 司(2020)もう一つの絶滅 ーウモウダニ日本産トキと一緒に絶滅 ー. 野鳥(日本野鳥の会会誌)9・10月号／848:8–10, 11–15.

○ Colwell, R. K. (1995) Effects of nectar consumption by the hummingbird flower mite *Proctolaelaps kirmsei* on nectar availability in *Hamelia* patens. *Biotropica*, 206–217.

○ Lebedeva, N.V. and Lebedev, V.D. (2008) Transport of oribatid mites to the polar areas by birds. In: Proceedings of the 6th European Congress pp. 359–367.

○ Pugh, P.J.A. (2003) Have mites (Acarina: Arachnida) colonized Antarctica and the islands of the Southern Ocean via air currents? Polar Record 39 (210): 239–244.

［おすすめの本］

○ 青木淳一(編)(2015)『日本産土壌動物(第二版)』東海大学出版部.

○ 江原昭三(編)(1980)『日本ダニ類図鑑』全国農村教育協会.

○ 江原昭三・後藤哲雄(編)(2009)『原色植物ダニ検索図鑑』全国農村教育協会.

○ 今井壯一・藤崎幸藏・板垣 匡・森田達志(2009)『図説 獣医衛生動物学』講談社.

○ 板垣 匡・藤崎幸藏 (2019)『動物寄生虫病学(四訂版)』朝倉書店.

○ 上村 清・木村英作・金子 明・丸山治彦・所 正治(2019)『寄生虫学テキスト第4版』文光堂.

○ 小林照幸(2016)『死の虫 ーツツガムシ病との闘い』中央公論新社.

○ 南部光彦(2016)『アレルギーから子どもを守る ーダニ対策24の秘訣ー』東京図書出版.

○ 夏秋 優(2013)『Dr. 夏秋の臨床図鑑 虫と皮膚炎』学研メディカル秀潤社.

○ 島野智之(2015)『ダニ・マニア《増補改定版》』八坂書房.

○ 島野智之・高久 元(編)(2016)『ダニのはなし ー人間との関わりー』朝倉書店.

○ 高田伸弘(編著)・高橋 守・藤田博己・夏秋 優(2019)『医ダニ学図鑑 ー見える分類と疫学ー』北隆館.

○ 吉川翠・田中正敏・須貝 高・戸矢崎紀紘＋生協・科学情報センター(1991)『住まいQ&A 寝室・寝具のダニ・カビ汚染』井上書院.

○ 吉川 翠・芦澤 達・山田雅士(1989)『ダニ・カビ・結露(住まいQ&A)』井上書院.

【ご協力いただいた方】(敬称略・順不同)

青木淳一、角坂照貴、吉川 翠、夏秋 優、和田康夫、加治優一、西田賢司、森田達志、川上裕司、橋本知幸、岡久雄二、岡部貴美子、三宅源行、佐藤賢二、萩原康夫、芝 実、根本崇正、萩野 航、後藤哲雄、北嶋康樹、武田富美子、Pema Khandu、Tobias Pfingstl、石川和男、松原 始、池田颯希、宮城秋乃、佐々木豊志、高橋誠子、伊原禎雄、蛭田眞平、黒沼真由美、金子良則、大山佳邦、国立極地研究所・極域科学資源センター・生物資料室、環境省、環境省佐渡自然保護官事務所

ダニとその仲間たちの進化の足跡

画／黒沼真由美　監修／島野智之　編集／畠山泰英　発行／キウイラボ

※本図は、A2判ポスターを縮小して掲載しているため文字が小さくなっています。

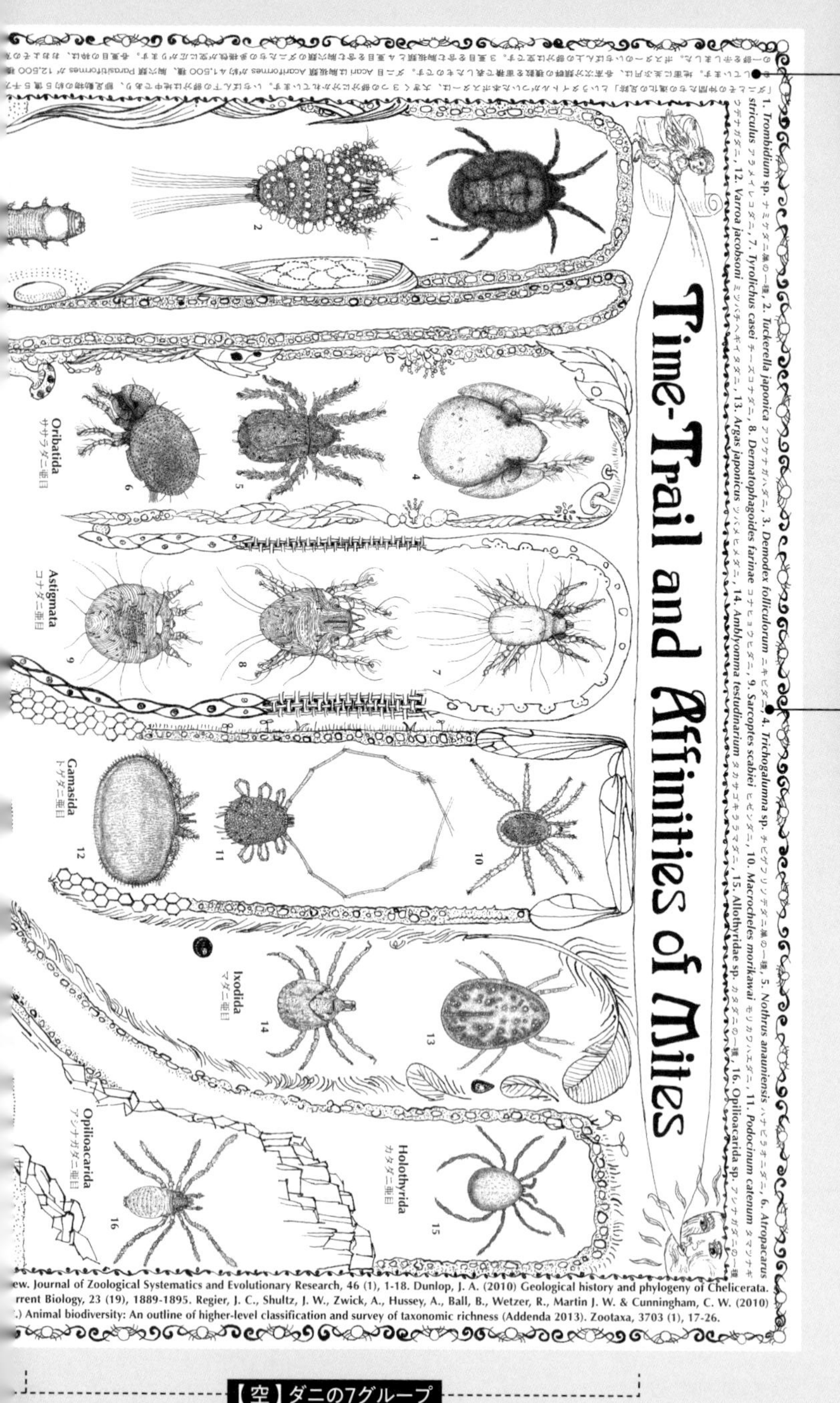

【空】ダニの7グループ

各グループの囲いの模様は、それぞれの棲んでいる環境や食性を表す
（127頁の図内補足を参照）

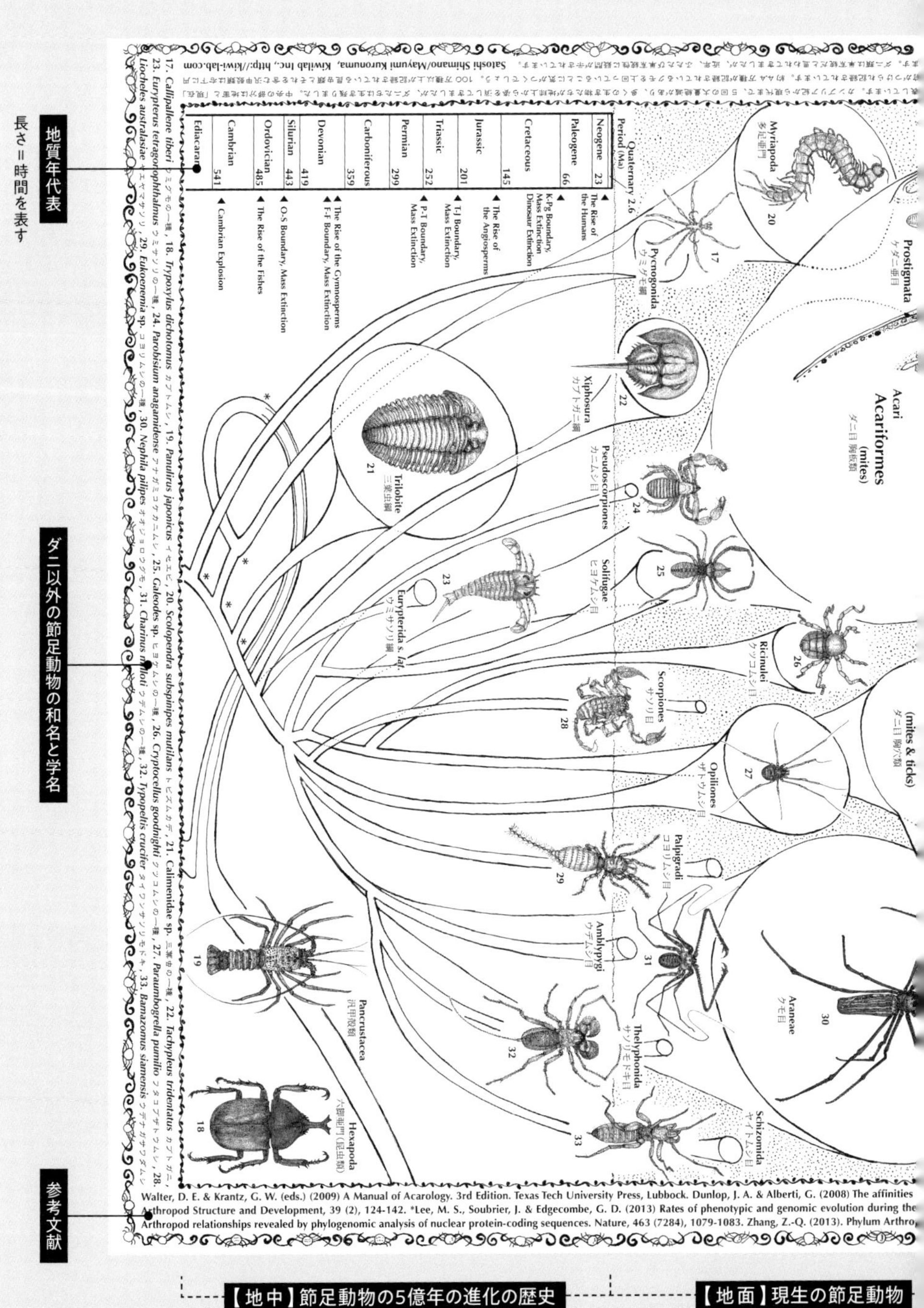
地質年代表
長さ＝時間を表す
ダニ以外の節足動物の和名と学名
参考文献
【地中】節足動物の5億年の進化の歴史
【地面】現生の節足動物
円の面積は種数を表す。ダニ Acari：5.5万種(胸板ダニ類
Acariformes+胸穴ダニ類Parasitiformes)、クモ Araneae：4.5万種

「ダニ類の体系」と本書での名称

日本でもっとも定着したダニ類の分類体系は「ダニ目」で、その下に、「トゲダニ亜目」「マダニ亜目」「ケダニ亜目」「ササラダニ亜目」「コナダニ亜目」とする体系である。多くの日本の図鑑や本はそのようになっている。

本書では「グループ」という意味の、「〇〇類」という呼び方を採用しているが、これは、亜目、目といった明確な分類階級ではない。例えば、ダニ目はダニ類、ササラダニ亜目はササラダニ類（●）と呼ぶことができる。

しかしながら、ダニ類もほかの生物と同様に、近年、分子生物学（DNA）に基づいた解析によって分類体系が見直されてきた。特に次世代型DNAシークエンサーという、大量の情報を処理できるDNA解析装置が使われるようになると、さらに解析が進み、ダニ類が含まれるクモガタ類（クモ目やサソリ目が含まれる）の中で、ダニ類は「胸穴ダニ類」と「胸板ダニ類」の2つのグループにわかれる解析結果が多数報告されるようになってきた。つまり、「ダニ類」は1つのグループにならないという学説が中心になってきたのである。これについてはまだ諸説あり（Nolan et al., 2020）、決まったわけではない。

次頁の図では、Krantz & Walter (2009) の示した分類体系と、日本で一般的な分類体系（本書で使用した和名）を比較して示した。

最新のダニ類の体系をひもとく

胸穴ダニ類（広義）はこれまでの分類体系とほぼ同じである。胸板ダニ類で大きく変わった点が2つある。一点目は、以前、ケダニ亜目とされてきたもののうち、ニセササラダニ類が新たにササラダニ類（●）に近縁であることが形態情報とDNA解析によって示された（クシゲマメダニ類はケダニ類（●）にとり残された）、二点目は、コナダニ類（●）がササラダニ類（●）の一部から進化したことが形態情報とDNA解析によって示されたために、コナダニ類（●）がササラダニ類（●）のなかに組み込まれた（詳細は島野、2018）。

そして、汎ケダニ類にはケダニ類（●）とクシゲマメダニ類、汎ササラダニ類にはニセササラダニ類、ササラダニ類（●）、そして

○ Krantz, G. W. and Walter, D. E. (2009) A Manual of Acarology. 3rd ed., Texas Tech University Press, Texas.
○ Zhang, Z.-Q. (2013) Phylum Arthropoda. *Zootaxa*, 3703: 17– 26.

コナダニ類（●）がまとめられた。学名の付いた種だけで、汎ケダニ類は世界に約2万6000種、汎ササラダニ類は約1万6000種である。あわせて胸板ダニ類は4万2000種となり、胸穴ダニ類の1万2500種と比べて、3倍以上種数が多い。

さて、クモガタ類を構成するダニ類以外のサソリ類、クモ類は、すべて生きた虫を捕えて食べる捕食性であるのに、ダニ類だけは捕食性のほかに、寄生性、食植生、食菌性、腐食性などさまざまな食性を獲得した。また、体を小さくして地球上のあらゆる環境（深海から高山）に生息している。その結果、現在では陸上の節足動物で、昆虫に次いで二番目に種数が多い分類群となったのである。

ダニ類の体系（Krantz & Walter, 2009; Zhang, 2013）

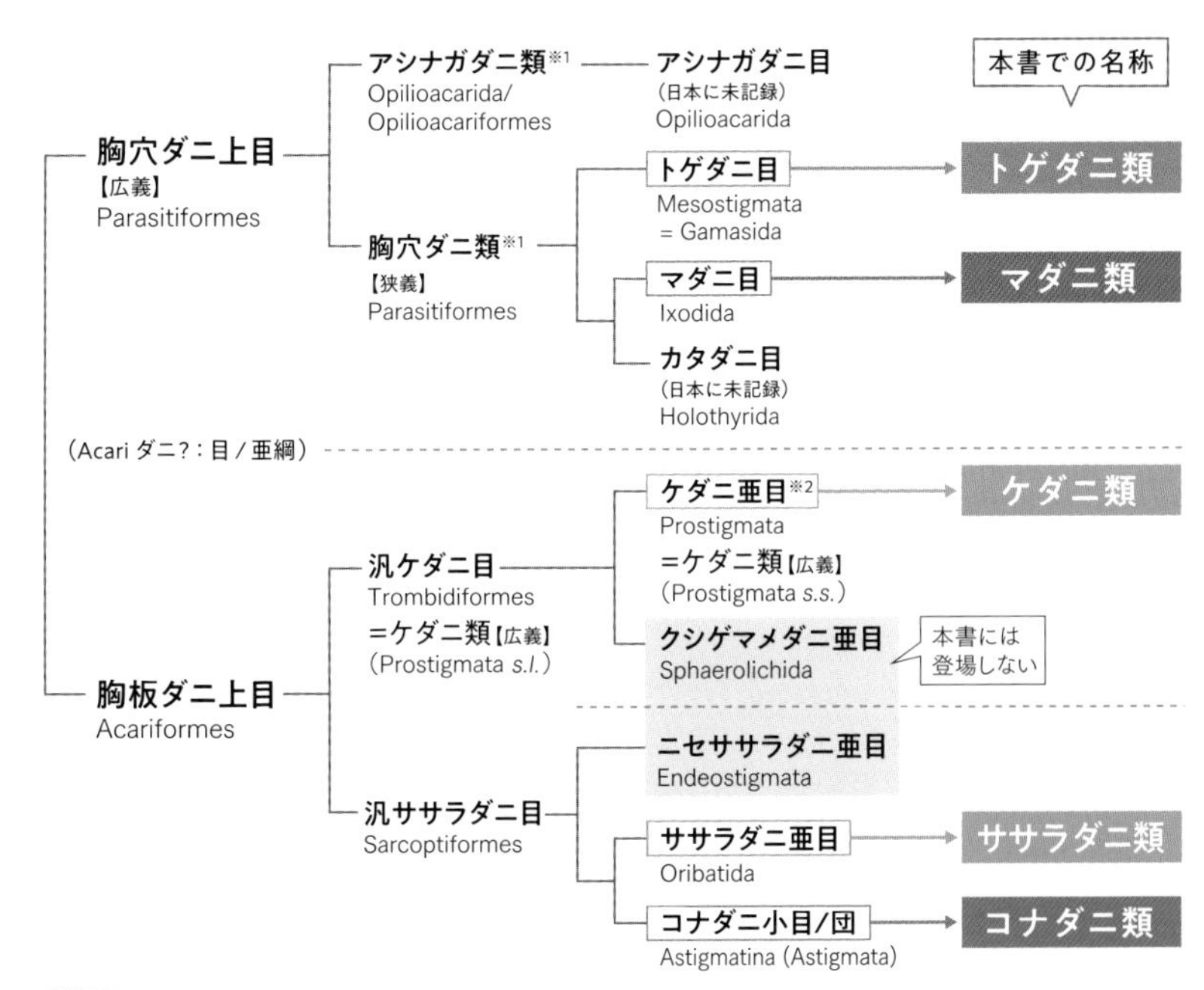

【補足】

● かつてダニを「目」とする考えと「亜綱」とする考え方があった。● Krantz & Walter (2009) がダニの体系を大幅に組み替え提案した（ほかにZhang, 2013など）。● 和名は島野（2018）に基づく。● 日本でよく使われた体系はダニ目と、アシナガダニ亜目、トゲダニ亜目、マダニ亜目、カタダニ亜目、ケダニ亜目、ササラダニ亜目、コナダニ亜目の7グループである。

※1 アシナガダニ上目と胸穴ダニ上目を用いる場合がある（本文参照）。 ※2 汎ケダニ目（改称）Trombidiformes を「広義のケダニ類（Prostigmata *sensu lato* または Actinedida）」、ケダニ亜目Prostigmataを「狭義のケダニ類（Prostigmata *sensu stricto*）」と呼ぶ（Dabert et al., 2010）。

島野智之（しまの　さとし）

1968年生まれ。横浜国立大学大学院工学研究科修了。博士（学術）。農林水産省東北農業研究所研究員、OECDリサーチフェロー（ニューヨーク州立大学）、2005年宮城教育大学准教授、フランス国立科学研究所フェロー（招聘、2009年）を経て、2014年4月法政大学教授に着任。専門はダニ学、原生生物学。タイ、マレーシア、インドネシア、ブータンで研究中。2017年日本土壌動物学会賞受賞。著書に『ダニ・マニア』（八坂書房、2015年）、『ダニのはなし』（共編、朝倉書店、2016年）、『たけしの面白科学者図鑑 ヘンな生き物がいっぱい！』（ビートたけし編・分担執筆、新潮社、2017年）、『土の中の美しい生き物たち』（共編、朝倉書店、2019年）など多数。

イラストレーション　植木ななせ（旅するミシン店）
ブックデザイン　西田美千子
編集　畠山泰英（株式会社キウイラボ）

本書は「Web科学バー」（https://kagakubar.com）の連載「やっぱりダニが好き！」（2014年4月～2020年9月）をもとに大幅に加筆修正したものです。

ダニが刺したら穴2つは本当か？
2021年6月20日　初版第1刷

著　者　島野智之
発行者　高橋 栄
発行所　株式会社 風濤社
〒113-0033 東京都文京区本郷4-12-16-205
TEL 03-5577-3684　FAX 03-5577-3685
https://futohsha.co.jp/
印刷・製本　中央精版印刷株式会社

©Satoshi Shimano

定価はカバーに表示してあります。
本書の内容の全部または一部を著作権法の定める範囲を超え、無断で複写、複製、転載することを禁じます。
造本には細心の注意を払っていますが、万一、乱丁や落丁がございましたら、小社までお送りください。送料小社負担にてお取り替えいたします。

ISBN978-4-89219-459-7
Printed in Japan